Klaus M. Leisinger

Gentechnik für die Dritte Welt?

Hunger, Krankheit und Umweltkrise – eine moderne Technologie auf dem Prüfstand entwicklungspolitischer Tatsachen

Springer Basel AG

Klaus M. Leisinger ist a. o. Professor für Entwicklungssoziologie an der Universität Basel und Leiter der Ciba-Geigy Stiftung für Zusammenarbeit mit Entwicklungsländern

Die deutsche Bibliothek – CIP-Einheitsaufnahme

Leisinger, Klaus M.
Gentechnik für die Dritte Welt?: Hunger, Krankheit und Umweltkrise – eine moderne Technologie auf dem Prüfstand entwicklungspolitischer Tatsachen / Klaus M. Leisinger. – Basel; Boston; Berlin: Birkhäuser 1991
ISBN 978-3-0348-5608-9

ISBN 978-3-0348-5608-9 ISBN 978-3-0348-5607-2 (eBook)
DOI 10.1007/978-3-0348-5607-2

Ursprünglich erschienen bei Birkhäuser Verlag Basel 1991
Softcover reprint of the hardcover 1st edition 1991
Umschlaggestaltung: Ralf Kunz, Freiburg

Inhaltsverzeichnis

Vorwort

Die Entwicklungsländer knüpfen recht hohe Erwartungen an den potentiellen Nutzen der Gentechnik – und im weiteren Sinne der Biotechnologie – zur Verbesserung von Gesundheit, Ernährung und Prosperität ihrer Bevölkerung. Dies wurde mir im Frühjahr 1984 so recht bewußt, als ich zu einem internationalen Biotechnologie-Symposium nach New Delhi eingeladen wurde, um einen Hauptvortrag über «Future of recombinant DNA technology» zu halten.

Die mir damit gestellte Aufgabe bereitete mir einiges Kopfzerbrechen, versuchte ich doch, speziell auf mir wichtig scheinende Bedürfnisse des indischen Subkontinentes mit einer mehr als hundertmal größeren, dafür aber viel ärmeren Bevölkerung als der Schweiz einzugehen. Ich empfand es als Teil meiner Verantwortung, mit meinem Referat keine kaum erfüllbaren Hoffnungen zu wecken, aber trotzdem mögliche Wege aufzuzeigen, die unter Nutzung der weltweiten Fortschritte wissenschaftlicher Erkenntnisse helfen könnten, die Lebensbedingungen in der Dritten Welt zu verbessern.

Mit großer Freude konnte ich an diesem Symposium feststellen, wieviel hervorragende Forschung unter oft schwierigen Bedingungen in Indien und anderen Ländern der Dritten Welt in vielen Bereichen der Biotechnologie gemacht wird. Viele der damals vorgetragenen Ergebnisse bezogen sich auf Nutzanwendungen in den Sektoren Gesundheit, Ernährung und Umwelt.

Im Rahmen dieses Symposiums wurde ich zusammen mit einem Dutzend anderer ausländischer Wissenschaftler zu einer einstündigen Audienz bei der damaligen Ministerpräsidentin Indira Gandhi eingeladen. Während dieser eindrucksvollen Besprechung kam die Rede auf viele Aspekte prospektiven und auch bereits spürbaren Nutzens der Biotechnologie. Dabei wurden die auf Nutzanwendungen basierenden Erwartungen und Hoffnungen in kritischen Bezug zu potentiellen Risiken gebracht, wobei den in Kapitel II dieses Buches beschriebenen transzendierenden Risiken der Gentechnik besondere Beachtung geschenkt wurde.

Das große Interesse, das die indische Ministerpräsidentin und ihre engsten Mitarbeiter dieser Evaluierung entgegenbrachten, stärkte meine Auffassung darüber, daß die Wissenschaftler der Industrieländer in ihrer Forschung über Grundlagen und Anwendungen – insbesondere biologischer Wirkmechanismen – außer der fachspezifischen Bearbeitung ihrer Fragestellungen vor allem ihren interdisziplinären Blick für die sozialen, wirtschaftlichen und umweltpolitischen Hintergründe ihrer Tätigkeit schärfen müssen!

Dank seiner tiefwurzelnden Kenntnis über die Soziologie der Entwicklungsländer bringt Klaus M. Leisinger eine neue Dimension von Nutzen und Risiken der Gentechnik in die Debatte. In seiner kritischen Analyse verweist er auf die Notwendigkeit, durch interdisziplinäres Arbeiten einen Konsens über Anwendung von Forschungsresultaten zu suchen, der sich nicht rein auf westliche Lebensbedingungen stützt. Die Untauglichkeit undifferenzierter Schwarz-Weiß-Urteile wird dabei offensichtlich. Alles menschliche Handeln ist von der Ambivalenz zwischen erhofften Wirkungen und unerwünschten Nebenwirkungen geprägt, und diesem Gesetz kann sich auch die Gentechnik nicht entziehen. Von daher ist ethische Reflexion – unter Berücksichtigung der bestehenden Unterschiede in den Weltanschauungen der verschiedenen Kulturkreise – in unserem Zeitalter der weltweiten Erwartungen an die Nutzung von Wissenschaft und Technik eine zwingende Notwendigkeit. Die Förderung öffentlicher Forschung zum Nutzen der Dritten Welt, die sich auf interdisziplinäre Analysen abstützt, kann ein Wegbereiter dazu sein, die Risiken der Gentechnik zu vermindern.

Es ist mir eine besondere Freude zu wissen, daß das von Klaus M. Leisinger präsentierte Buch die Frucht der Weiterentwicklung einer Vorlesung ist, zu der ich ihn im Wintersemester 1988/89 im Rahmen einer interdisziplinären Ringvorlesung über Gentechnik an der Universität Basel eingeladen hatte.

Ich hoffe, daß das vorliegende Buch nicht nur zum besseren Verständnis der breiten Öffentlichkeit beiträgt, sondern auch die Aufmerksamkeit von Biologen, Medizinern, Soziologen und Politikern auf sich zieht und als kritischer, interdisziplinärer Beitrag zur Debatte über Nutzen und Risiken der Gentechnik in der Dritten Welt genutzt wird.

Werner Arber
Basel, im Juni 1991

Gentechnik in der Kontroverse

Selten prallten Ablehnung und Euphorie in bezug auf eine Technologie so kraß aufeinander; kaum je wurden neue technische Möglichkeiten so kontrovers diskutiert wie die Gentechnik. Sie erlaubt die «*gezielte Veränderung des ererbten genetischen Materials von lebenden Organismen durch Hinzufügen, Wegnehmen oder Austauschen von einem oder mehreren Genen mit der Folge einer Weitervererbung dieser veränderten genetischen Information an Nachkommen*».[1]

Die Komplexität der Gentechnik und die neue Dimension der Verfügungsmöglichkeit über prinzipielle Bausteine der Natur erfüllen einen großen Teil der sich mit diesem Gebiet auseinandersetzenden Gesellschaft mit Unbehagen. Das ist verständlich, zumal die vielfältigen Wirkungsverflechtungen heute nur teilweise bekannt sind und die Gentechnik dem Mißbrauch zur berechneten und berechnenden Herrschaft über Natur und Mensch offen steht. Die Tatsache, daß mit gentechnischem Fortschritt immense wirtschaftliche Interessen verbunden sind, deren Vorteile für den einzelnen und für die Gesellschaft als Ganzes nicht direkt nachvollziehbar sind, hat für viele Menschen zusätzlich beunruhigenden Charakter.

Deshalb ist die Gentechnik einer Debatte ausgesetzt, die sich nicht allein auf der wissenschaftlichen, technischen, politischen oder wirtschaftlichen Ebene abspielt. Das soll sie auch nicht, denn die Entfesselung solcher technischen Kräfte wirft soziale und ethische Fragestellungen auf, die gleichermaßen aufgearbeitet werden müssen. Interdisziplinäres Arbeiten ist also unerläßlich.

Wo Fachleute mit intellektueller Distanz und Arroganz die Bedenken von Laien vom Tisch wischen wollen, kann keine den gesellschaftlichen Konsens suchende Güterabwägung stattfinden, sondern werden Unbehagen und Mißtrauen erst recht geschürt.

Die Beseitigung von Armut, Krankheit und Hunger in der Dritten Welt ist seit drei Dekaden das erklärte Ziel internationaler Entwicklungszusammenarbeit und der jeweiligen nationalen Regierung in den betreffenden Ländern. Gentechnik kann einen Beitrag zur Erreichung dieses Ziels leisten – sie jedoch ausschließlich von Gentechnik abhängig machen zu wollen, wäre eine Sicht der Dinge, die bestenfalls von Unkenntnis der Komplexität und der Dimension der Entwicklungsländer-Problematik zeugt.

Die Diskussion über Gentechnik und Biotechnologie im Zusammenhang mit Armut und sozio-ökonomischer Unterentwicklung in Ländern der Dritten Welt verläuft höchst kontrovers:

Die einen befürchten den «*Hunger aus dem Genlabor*»[2], andere warnen vor multinationalen Unternehmen, die sich auf Kosten der Dritten Welt «*eigentumsähnliche Monopolrechte über Pflanzen, Tiere und ihre Nachkommen sichern*»[3] wollen. Wiederum andere hegen große Hoffnungen auf höhere Ernten, verminderte Armut[4] und die Ausrottung bisher unheilbarer Tropenkrankheiten.

Dieses Buch ist der Versuch einer Gegenüberstellung entwicklungspolitischer Fakten und der an die Gentechnik geknüpften Erwartungen und Befürchtungen. Technisch-naturwissenschaftliche Beurteilungen werden hier nicht gemacht – im Rahmen meines Wissensgebietets steht es mir lediglich zu, die Gentechnik im Lichte sozialwissenschaftlicher und entwicklungssoziologischer Erkenntnisse zu diskutieren.

Um eine realistische Positionierung der entwicklungspolitischen Relevanz der Gentechnik vornehmen zu können, werden zunächst die wichtigsten Problemkreise der Entwicklungsländer und deren Ursachen analysiert und Lösungsansätze aufgezeigt.

Schließlich werden Überlegungen zu den mit der Diskussion um die Gentechnik untrennbar verbundenen sozialpolitischen und ethischen Aspekte angestellt.

Zur intellektuellen Redlichkeit gehört es, sich und anderen angesichts der Komplexität dieses Themas Ungewißheiten einzugestehen. Zu den meisten der vorgebrachten Argumente gibt es wichtige Ausnahmen und ernstzunehmende Abweichungen. Dieser Diskussionsbeitrag ist somit nicht mehr als ein Stein in einem komplexen Mosaikbild.

An dieser Stelle möchte ich Richard Rickelmann, Klaus von Grebmer sowie Karin Schmitt und Dorothée Engel für Ihre Kritik danken, die sie mit unterschiedlich diplomatischem Geschick und Temperament, aber stets konstruktiv und auf Verbesserung bedacht, in das Manuskript eingebracht haben. Wenn ich nicht all ihre Anregungen, Vorschläge und Ansichten berücksichtigen konnte, so mögen sie mir dies bitte nachsehen. Mein Dank gilt nicht zuletzt auch Werner Arber und Ulrich Beck, die wertvolle Lebenszeit daran verwendet haben, das Buch zu lesen und es mit einem Vorwort bzw. kritischen Gedanken zu zieren.

Anmerkungen

1 Vgl. Dohmen K. (Hrsg.): Gentechnologie – die andere Schöpfung? Metzler, Stuttgart 1988, S. 5.

Für die Dritte-Welt-Diskussion ist die an sich notwendige Abgrenzung der Gentechnologie von der Biotechnologie nicht von allzu großer Bedeutung; sie soll dennoch, wo sinnvoll und möglich, vorgenommen werden: Biotechnologie «*ist die integrierte Anwendung von Biochemie, Mikrobiologie und Verfahrenstechnik mit dem Ziel, die technische Anwendung des Potentials der Mikroorganismen, Zell- und Gewebekulturen sowie Teilen davon zu erreichen.*» Die Biotechnologie behandelt folglich den Einsatz biologischer Prozesse im Rahmen technischer Verfahren und industrieller Produktionen. Gentechnik für sich ist noch keine Biotechnologie – sie ist lediglich Mittel zum Zweck, denn durch Gentechnik können u.a. Mikroorganismen mit neuen Eigenschaften geschaffen werden, die dann in biotechnologischen Verfahren eingesetzt werden.

Siehe dazu: Dellweg H.: Biotechnologie, Grundlagen und Verfahren. VCH, Weinheim 1987, S. 1.

2 Erklärung von Bern: Hunger aus dem Genlabor. Zürich, Oktober 1989.

3 Erklärung von Bern: Dokumentationen «Wer die Saat hat, hat das Sagen.» Zürich 1990.

4 Ahmed I.: Advanced Agricultural Biotechnologies: Another Green Revolution. ILO (Technology and Employment Branch), Genf 1989.

I Ausgewählte entwicklungspolitische Probleme als Hintergrund zur gentechnischen Diskussion

1 Hunger

Fakten

Am Ende der Welternährungskonferenz von 1974 stand eine *Deklaration zur Beseitigung von Hunger und Fehlernährung;* das darin gesetzte Ziel war die Beseitigung des Hungers innerhalb des nachfolgenden Jahrzehnts, also bis zum Ende der achtziger Jahre. Dieses Ziel wurde nicht erreicht.

Aufgrund großer Erfolge bei der Steigerung der Nahrungsmittelproduktion (vor allem in Asien) ist zwar seit Mitte der siebziger Jahre der Anteil der Hungernden an der Weltbevölkerung zurückgegangen, die absolute Zahl der Hungernden ist jedoch jedes Jahr weltweit größer geworden. Seit 1974 hat die Weltbevölkerung um über eine Milliarde Menschen zugenommen – die Anzahl der Unterernährten stieg im gleichen Zeitraum «nur» um etwa 100 Millionen.

Nach Schätzungen der *FAO (Ernährungs- und Landwirtschaftsorganisation der Vereinten Nationen)* sind gegenwärtig zwischen 350 und 500 Millionen Menschen *«ernsthaft unterernährt»*.[1]

Andere Schätzungen liegen wesentlich höher, sie gehen bis zu 800 Millionen.[2] Bei Schätzungen dieser Art kann man in der Regel davon ausgehen, daß die Zahl eher zu niedrig als zu hoch veranschlagt wird, denn alle Armutsprobleme sind abseits der großen Verkehrswege und in den untersten Bevölkerungsschichten am größten – also dort, wo nicht systematisch und konkret gesucht wird. Von den rund 20 Millionen Menschen, die nach den Angaben der *FAO* jedes Jahr an den Folgen von Hunger und Unterernährung sterben, leben die meisten in ländlichen Gebieten. Vierzehn Millionen davon sind Kinder, wobei der Anteil der Mädchen überproportional hoch ist.

Afrika südlich der Sahara ist, wie bei allen Entwicklungsproblemen, die Sorgenregion Nummer eins: Nach einem internen Arbeitspapier der *FAO* ist «*jeder dritte Afrikaner unterernährt, jeder siebte vom Verhungern bedroht. Mehr als ein Drittel der Landfläche Afrikas droht zur Wüste zu werden. Schätzungsweise 50'000 bis 70'000 Quadratkilometer gehen der Landwirtschaft jährlich verloren*»[3]. – Das ist mehr als die Fläche der Schweiz. – Unter allen Entwicklungsregionen der Welt weist Afrika den höchsten Anteil und die höchste Zuwachsrate an Unterernährten auf.

Die Pro-Kopf-Produktion an Nahrungsmitteln ist in Afrika südlich der Sahara während der letzten dreißig Jahre stetig gesunken, deshalb reichen schon geringfügige Abweichungen von der Norm (z.B. bei Niederschlägen) aus, um große Versorgungsengpässe auszulösen – Bürgerkriege tun ein Übriges. Im «*early warning system*» der *FAO* tauchen Länder wie Äthiopien, Sudan, Somalia oder Mozambique seit vielen Jahren als regelmäßige Notfälle auf, in denen nur schnelle internationale Hilfe ein Massensterben verhindern kann. Die Ausblicke für das Jahr 2000 und darüber hinaus sind in jeder Hinsicht alarmierend.[4]

Ernährungsprobleme äußern sich jedoch nur selten in akuten, spektakulären Hungersnöten. Bezeichnend für die schlechte Ernährungssituation sind vielmehr chronische Mangelernährung sowie saisonal wiederkehrende Nahrungsmittelverknappungen, von denen vor allem ländliche Armutsgruppen betroffen sind. Chronische Mangelernährung führt zu produktivitätsmindernden und initiativehemmenden Schwächezuständen, zu physischer und psychischer Lethargie und hat negativ synergistische Auswirkungen auf den Gesundheitszustand:

Wer Hunger hat, wird leichter krank, hat eine geringere Lebenserwartung, kann weniger und weniger lange arbeiten, verdient weniger und bleibt somit in der Armut, die es ihm oder ihr nicht ermöglicht, quantitativ und qualitativ ausreichend zu essen.

Ursachen

Insgesamt werden in der Welt genügend Nahrungsmittel produziert, um Hungern – geschweige denn Verhungern – verhindern zu können. Aber einerseits hat die Gesamtheit der Weltproduktion wenig Relevanz für nationale oder gar regionale Unterversorgung, und andererseits ist Hunger nur bedingt eine Produktionsproblematik.

Hunger – wie Armut und alle anderen zentralen Problemkreise der Unterentwicklung – hat eine Vielzahl von Ursachen, die sich gegenseitig beeinflussen und voneinander abhängig sind. Die Ernährungsprobleme entstehen aus der Wechselbeziehung zwischen schlechten Produktionsbedingungen, niedriger Produktivität und niedrigem Einkommen, hohem Bevölkerungswachstum, spezifischen Denk- und Verhaltensweisen sowie institutionellen und politischen Rahmenbedingungen.[5] Hunger in der Dritten Welt (und anderswo!) ist somit nicht von sozialen, politischen oder ökonomischen Mißständen zu trennen, sondern ist eines ihrer vielen Symptome.

Insgesamt hat die Nahrungsmittelproduktion gut mit der wachsenden Weltbevölkerung mitgehalten. Afrika südlich der Sahara ist die einzige Region, in der eine Verschlechterung der Pro-Kopf-Produktion an Nahrungsmitteln zu verzeichnen ist (s. Tabelle 1).

Eine eminente Ursache für Hunger in der Dritten Welt liegt darin, daß für die Regierungen vieler Länder die Lebensqualität der Menschen im ländlichen Raum, die nationale Landwirtschaftspolitik und das Ziel der Selbstversorgung mit Nahrungsmitteln eine sehr niedrige Priorität haben.[6]

Aus dieser politischen Indifferenz resultieren in der Praxis unzureichende Mittel für die Beratung der Bauern, unzuverlässige Versorgung mit wichtigen Produktionsmitteln, mangelhafte institutionelle Einrichtungen und fehlende Infrastruktur.

Überall dort, wo die Verteilung von Reichtum und Einkommen, der Zugang zu Produktionsmitteln (Land, Wasser, Saatgut, Düngemittel, Pflanzenschutz) durch ungerechte soziale und politische Machtverhältnisse bestimmt ist und Menschen die Möglichkeit nimmt, sich selbst zu ernähren, wird Hunger zur logischen Folge.

Tabelle 1

Wachstumsraten von Bevölkerung (1), Nahrungsmittelproduktion (2) und Pro-Kopf-Produktion (3) 1961–1988 (in Prozent pro Jahr)

		1	2	3
Welt	1961–88	1,9	2,7	0,8
	1981–88	1,7	2,1	0,4
Industrieländer	1961–88	0,9	1,7	0,8
	1981–88	0,7	0,9	0,2
Entwicklungsländer	1961–88	2,3	3,3	1,0
	1981–88	2,1	3,2	1,1
Afrika südl. der Sahara	1961–88	2,8	2,1	-0,7
	1981–88	3,0	2,6	-0,4
Lateinamerika	1961–88	2,5	3,0	0,5
	1981–88	2,2	2,2	0,0
Asien (ohne China)	1961–88	2,3	3,0	0,7
	1981–88	2,3	3,0	0,7
China	1961–88	1,9	3,5	1,6
	1981–88	1,4	4,5	3,1

Quelle: Popp H.W, Die internationale Ernährungslage, in: SKA-Bulletin Nr. 6, Zürich 1990.

Diese Durchschnittsdaten sagen jedoch wenig über die Verfügbarkeit von Nahrungsmitteln für den einzelnen aus. Hunger ist für in Armut lebende Menschen durchaus kompatibel mit Überschußproduktion in denselben Gesellschaften. Wo die Armut großer Bevölkerungsschichten zunimmt – sei es wegen politischer Unruhen, Trockenheiten oder ungünstiger (nationaler oder internationaler) Abnahmepreise für landwirtschaftliche Güter oder wegen anderer Einflüsse – wächst die Anzahl der Hungernden.

Tabelle 2

Ländliche Unterentwicklung in ausgewählten Ländern 1985–1988

	Ländliche Bevölkerung*	Zugang zu Dienstleistungen im ländlichen Raum**		
		Gesundheits-infrastruktur	Trink-wasser	sanitäre Anlagen
Sierra Leone	68	..	22	35
Mali	81	..	36	5
Somalia	64	15	22	5
Mozambique	73	30	17	11
Uganda	90	57	18	30
Nigeria	65	30	20	5
Zaïre	61	17	17	14
Elfenbeinküste	60	11	10	20
Guatemala	61	25	41	48
El Salvador	56	40	10	39

* in Prozent der Gesamtbevölkerung
** in Prozent der ländlichen Bevölkerung
.. nicht verfügbar

Quelle: UNDP, Human Development Report 1991, Tabelle 9, S. 136–137.

Seit einigen Jahren zieht eine neue große Gefahr für die Welternährung herauf: **Umweltzerstörung.**[7] All ihre Formen haben einen negativen Einfluß auf die Nahrungsmittelversorgung:

- **Bodenerosion** (z.B. durch Wasser oder Wind) unterhöhlt die Produktivität eines Drittels der landwirtschaftlichen Anbaufläche der Welt.
- **Waldzerstörung** fördert Erosion (z.B. in Indien) und führt zu Überflutungen (z.B. Bangladesch). Dort, wo die Entwaldung fortschreitet, werden Dünger oder Pflanzenreste verbrannt, die dem Boden wiederum als Nährstoffe fehlen. Ein Teufelskreis beginnt sich zu drehen.
- **Übernutzung** von Weiden und Farmland (z.B. durch verkürzte Brachezeiten in Afrika südlich der Sahara) beschleunigt die Bodenzerstörung.

Schließlich muß im Zusammenhang mit den Ursachen des Hungers in der Dritten Welt auch das nach wie vor hohe (in absoluten Zahlen das höchste der Menschheitsgeschichte!) Bevölkerungswachstum genannt werden, das – regional unterschiedlich ausgeprägt – malthusianische Befürchtungen wiedererweckt hat. Hohes Bevölkerungswachstum führt heute in vielen Regionen der Dritten Welt dazu, daß notgedrungen auf Böden ausgewichen werden muß, die für eine nachhaltige landwirtschaftliche Produktion im Sinne von «*sustainable development*»[8] nicht geeignet sind.

Keines der verschiedenen Einzelprobleme – vielleicht mit Ausnahme der mangelnden politischen Unterstützung – verursacht für sich alleine die nachhaltigen, großen Hungerprobleme in der Dritten Welt. Es ist vielmehr das wechselseitige und kumulative Zusammenwirken der verschiedenen Problemkreise, das im Ergebnis zu Hunger führt.

Tabelle 3

Schätzungen des Ertragsverlustes bei der Weltgetreideproduktion aufgrund von Umweltzerstörung

Formen der Umweltzerstörung	Produktionsverlust bei Getreide (in Mio. Tonnen)
Bodenerosion	9
Überflutung und Versalzung von Böden	1
Verkürzung der Brachezeiten **Verminderte organische Düngung** **Bodenverdichtung (z.B. durch Traktoren)**	2
Anderes	2
Total	14

Quelle: Brown L. et al., State of the World 1990.
Worldwatch Institute, Washington D.C. 1990, S. 64.

Lösungsansätze

Ganzheitliche Ansätze statt Einzelmaßnahmen

Hunger und Unterernährung sind Folgeprobleme sozialer und wirtschaftlicher Fehl- und Unterentwicklungen. Diese nachhaltig zu überwinden, erfordert umfassenden sozialen Wandel. Dazu ist zum einen die soziale und psychische Mobilisierung der Menschen durch eine dynamisierende Veränderung ihrer vergleichsweise statischen, traditionellen Denk- und Verhaltensweisen notwendig. Dies kann u.a. durch eine Verbesserung des Bildungsstandes geschehen, die den Menschen die Notwendigkeit der Mobilisierung eigener Kräfte und das damit verbundene Verbesserungspotential vor Augen führt. Der Kontakt mit nichttraditionellen Verhaltensweisen kann als Stimulanz zur Verbesserung der bisher fatalistisch hingenommenen Lebensumstände wirken. Ebenfalls erforderlich ist Innovation im wirtschaftlichen Bereich (Organisationsformen wie Genossenschaften) sowie im technischen (effizientere Werkzeuge und Anbaumethoden).

Sozialen Wandel einzuleiten bzw. zu beschleunigen erfordert ein Bündel lokal angepaßter, aufeinander abgestimmter sowie von den jeweiligen Betroffenen erwünschter und unterstützter Maßnahmen. Einzelmaßnahmen führen selten zum Ziel; sie mögen zwar im einen oder anderen Fall vorübergehende Veränderungen in der gewünschten Richtung bewirken, wenn sie jedoch nicht nachhaltig und kompatibel in ein größeres Ganzes eingegliedert werden, laufen sie große Gefahr zu versickern.

Da der Mangel an Nahrungsmitteln für die Betroffenen in der Dritten Welt auf das Zusammenwirken von Armut, niedriger Nahrungsmittelproduktion und abnehmender Umweltqualität zurückgeht, liegt das größte Lösungspotential in Strategien, die alle drei Probleme gleichzeitig angehen. Ein solcher Weg könnte als umfassende und nachhaltige Verbesserung der wirtschaftlichen Leistungskraft und der sozialen Rahmenbedingungen im ländlichen Raum beschrieben werden, mit anderen Worten: ländliche Entwicklung mit sozialen Breitenwirkungen.

Ländliche Entwicklung beschreibt «(...) *einen Prozeß, in dem die erhöhte und produktivere Nutzung der Ressourcen des ländlichen Raumes mit einer vermehrten Teilhabe der Gruppen mit niedrigem Einkommen einhergeht, in dem also wirtschaftliches Wachstum mit einer verbesserten Verteilung verbunden ist.* (...) *Die Verteilungskomponente bedeutet sowohl breitere personelle Streuung der Zugangschancen zu Bildung, Beschäftigung und Produktionsmitteln als auch ausgeglichenere Inanspruchnahme der erzielten wirtschaftlichen und sozialen Leistungen sowie Sicherstellung der Befriedigung menschlicher Grundbedürfnisse»*[9].

Es ist offensichtlich, daß unterschiedliche Ressourcenausstattung (Land, Wasser, Kapital, Arbeit), unterschiedliche Agrarverfassungen[10] (gewohnheitsmäßige oder kodifizierte Regeln, Ordnungen und Rechte wie Grundbesitzverfassung, Verfügungsrechte wie Pacht, Nutzungsrechte, aber auch Arbeitsverhältnisse) sowie verschiedenartige Klimata für einzelne Länder, und innerhalb dieser vielleicht sogar für einzelne Provinzen, *maßgeschneiderte* Maßnahmenpakete für ländliche Entwicklung erforderlich machen. Wie auch immer diese im Einzelfall aussehen mögen, die folgenden Komponenten gehören zu den wichtigsten:

- Förderung von Eigenständigkeit, Eigenverantwortung, Selbstbestimmung sowie des vorhandenen Handlungspotentials der Menschen im ländlichen Raum;
- Ausbildungsmaßnahmen zur Förderung des Wissens und Könnens der Menschen;
- Aufbau bzw. Ausbau der materiellen Infrastruktur, z.B. in den Bereichen Bewässerung, Energieversorgung, Straßenbau, Transport- und Lagermittel;
- Förderung der Kleinindustrie und des Gewerbes;
- Aufbau eines Versorgungsnetzes mit elementaren Dienstleistungen (Basisgesundheitsdienste, Trinkwasser, sanitäre Einrichtungen, Grundschulen, aber auch Vermarktung und Kreditwesen);
- ordnungspolitische Grundsatzentscheidungen, die den in der Landwirtschaft tätigen Menschen Anreize zur Erhöhung der Produktion geben.

Angesichts der hohen ländlichen Arbeitslosigkeit und Unterbeschäftigung wäre bei der Realisierung entsprechender Maßnahmenpakete ein möglichst arbeitsintensives und an den lokalen Ressourcen orientiertes Vorgehen vorteilhaft. Die auf diese Weise gewonnene Kaufkraft würde weiter zur Deckung der Grundbedürfnisse beitragen und die Entstehung von Märkten sowie die Diversifizierung der ländlichen Volkswirtschaft vorantreiben.

Flächenausdehnung oder Intensivierung?

Eine Erhöhung der landwirtschaftlichen Produktion ist prinzipiell auf zwei Wegen möglich. Durch:

- Ausdehnung der landwirtschaftlichen Nutzfläche und/oder
- intensivere Bewirtschaftung, d.h. durch eine Erhöhung der Produktivität pro Flächeneinheit.

Nach Angaben der *FAO* werden in den Entwicklungsländern erst 36 Prozent des fruchtbaren Bodens genutzt. Die größten Bodenreserven liegen heute noch in Lateinamerika (knapp 700 Millionen Hektar bzw. das Dreieinhalbfache der heutigen Nutzung) und in Afrika südlich der Sahara (etwa 600 Millionen Hektar bzw. das Dreifache der heutigen Nutzung). Die Länder Asiens, besonders die bevölkerungsreichen, haben nur noch geringe Möglichkeiten zur Ausdehnung der Nutzfläche.

Beide Wege, Flächenausdehnung und Intensivierung, haben klare Nutzen und Risiken:

Die Ausdehnung der Anbauflächen ist oft sehr teuer, z.B. dann, wenn künstliche Bewässerungssysteme gebaut oder gebirgige Flächen erschlossen werden müssen.

Sie ist oft auch ökologisch riskant, z.B. wenn (im schlechtesten Fall tropische Regen-) Wälder gerodet werden oder auf marginale Böden ausgewichen wird, die aufgrund ihrer Beschaffenheit lediglich für extensive Viehhaltung, nicht aber für intensiven Pflanzenanbau geeignet sind. Ein weiteres ökologisches Risikopotential liegt in der Übernutzung von Böden, die durch Brandrodung gewonnen werden. In solchen Fällen kann es zu irreversiblen Schäden durch Erosion und Bodenverarmung kommen, oder sogar zu Wüstenbildung.

Die ebenfalls existierende Problematik der Verminderung der Artenvielfalt wird später behandelt.

Auch bei der Alternative der Intensivierung der landwirtschaftlichen Produktion, z.B. durch Düngemittel, neue Saatsorten, kontrollierte Bewässerung, integrierten Pflanzenschutz, dosierte Mechanisierung und Mehrfachanbau, sind die Nutzen kurzfristiger Ertragserhöhungen den Kosten und ökologischen Risiken gegenüberzustellen. Ein Zuviel an Dünge- und Pflanzenschutzmitteln und eine zu intensive Mechanisierung ist nicht nur teuer, sondern hat, das lehren uns Erfahrungen aus der Landwirtschaft vieler Industrieländer, gleichfalls unerwünschte Auswirkungen auf die Umwelt.

Insgesamt bleibt jedoch das Potential für Ertragserhöhungen durch ökologisch angepaßte Intensivierung und Modernisierung in der Dritten Welt größer als das der Flächenausdehnung. Die Ernteerträge bei Getreide sind pro Hektar in der Dritten Welt nur halb so hoch wie in Europa; in Afrika südlich der Sahara sind sie gar viermal kleiner[11] – ähnliches gilt für andere Nahrungsmittelkulturen.

Die *FAO* sieht das Gewicht der verschiedenen Möglichkeiten, landwirtschaftliche Produktion zu erhöhen, regional unterschiedlich[12]:

Tabelle 4

Beitrag verschiedener Möglichkeiten der Produktionserhöhung in Entwicklungsländern 1982/84–2000 (in Prozent)

	Afrika	Asien ohne China	Lateinamerika
Ausdehnung der landwirtschaftlich nutzbaren Fläche	26	11	39
Erhöhung der Anbauintensität[13]	17	20	12
Erhöhung der Ernteerträge[14]	57	69	49

Bei der Erhöhung der Anbauintensität und der Sicherung der Ernteerträge sind – selektiv und mit von Fall zu Fall unterschiedlichem Gewicht – viele Inputfaktoren von Bedeutung: Arbeit, Beratung bzw. Ausbildung, Bewässerung, Düngemittel, Saatsorten, Pflanzenschutz und Mechanisierung. Saatsorten, ob aus der konventionellen oder gentechnischen Züchtung, sind somit zwar wichtig, jedoch nur ein Tropfen Öl in einem großen Getriebe, das seinerseits wiederum lediglich Bestandteil eines größeren Motors ist.

Ohne eine zumindest partielle Modernisierung der Landwirtschaft ist es unwahrscheinlich, daß es in der Dritten Welt zu einer nachhaltig ausreichenden Versorgung mit Nahrungsmitteln für alle Schichten der Bevölkerung kommt.

Neben technischen Innovationen sind jedoch soziale und politische Reformen notwendig. Dies wurde in der Vergangenheit zum Teil unzureichend berücksichtigt, z.B. bei der Einführung von Hochertrags-Saatsorten, die zwar überall mehr Ernteerträge brachten, in einigen Ländern jedoch verschärfte Einkommens- und Besitzunterschiede hervorriefen.

Heute wissen wir auch, daß viele Modernisierungsprogramme die Arbeitsleistungen von Frauen ignorierten, sie aus ihren angestammten Arbeitsbereichen verdrängten und dadurch einen Statusverlust bewirkten. Zu oft tragen Frauen die Last des Fortschritts, ohne seine Früchte zu ernten.[15]

Modernisierungspolitik in der Landwirtschaft der Dritten Welt sollte daher in den meisten Fällen auf vorherigen sozialen Reformen (z.B. Bodenreform, spezielle Unterstützungsprogramme für Kleinbauern) basieren. Wo eine Modernisierung der Landwirtschaft zu schnell und sozial unvorbereitet stattfindet, wo institutionelle Rahmenbedingungen dem Fortschritt nicht angepaßt sind, kann Mehrertrag entwicklungspolitisch nicht sinnvoll verteilt werden. Das gilt auch für die Anwendung gentechnologischer Methoden.

Das Prinzip der Modernisierung muß mit dem des sozialen Ausgleichs verbunden werden – und mit Vorkehrungen für die Erhaltung der Umwelt.

Was immer das Lösungspaket ist, das den spezifischen lokalen Bedingungen entspricht, die folgenden Maßnahmen zur landwirtschaftlichen Entwicklung zeigten, überall wo sie angewendet wurden, positive Auswirkungen:

- sozial und ökologisch verträgliche Landwirtschaftspolitik, damit Armut abgebaut und individuelle Einkommen, besonders für die unteren Schichten, geschaffen werden;
- angepaßte Preispolitik, um landwirtschaftlichen Erzeugern einen Anreiz für Mehrproduktion zu bieten;
- Ausbau der landwirtschaftlichen Beratungsdienste und deren Ausrichtung auf die spezifischen Bedürfnisse der Kleinbauern, wobei den besonderen Bedürfnisse und Ausbildungsanforderungen von Frauen erheblich grösseres Gewicht verliehen werden muß, als dies generell der Fall ist;
- Einsatz geeigneten Saatgutes und angepaßter Anbaumethoden sowie angepaßter Mechanisierung («mittlere Technologie»);
- Ausbau der ländlichen Infrastruktur (Bewässerung, Lagermöglichkeiten, Transport etc.) und nachhaltige Sicherung der Versorgung mit allen notwendigen Inputs für eine intensivierte Landwirtschaft;
- wo erforderlich, Reformen des Landbesitz- und Pachtsystems sowie des Kreditwesens;
- Verhinderung der hohen Vor- und Nachernteverluste.

Schließlich muß noch einmal darauf hingewiesen werden, daß auf Dauer auch ein Absenken des hohen Bevölkerungswachstums notwendig ist, auch dafür sind heute erfolgreiche Strategien bekannt.[16]

Die Herausforderung liegt also in der Suche nach ökologisch verträglichen und dennoch produktivitätserhöhenden Landwirtschaftsstrategien zur Sicherung von Ernährung und Lebensunterhalt. Ein ganzheitlicher Ansatz, der die Ökosysteme auf nationaler, regionaler und globaler Ebene betrachtet und die Landnutzung, den Wasserverbrauch und die Forstnutzung darauf abstimmt, ist unbedingt notwendig. Denn es gilt zu vermeiden, daß Klimaveränderungen hervorgerufen werden, die ganze Regionen dem Hungertod aussetzen würden.

Schon heute wird diese Gefahr sichtbar: So kommt z.B. in der Sahelzone die traditionelle Landwirtschaft in vielen Fällen mit den veränderten klimatischen Bedingungen nicht mehr zurecht. Traditionelle Saatsorten gedeihen nicht mehr, weil es heute im Durchschnitt bis zu zwanzig Prozent weniger regnet als noch vor 20–25 Jahren. Ohne neues Saatgut, das diesen veränderten Klimabedingungen angepaßt ist, besteht die Gefahr, daß sich ganze Regionen nicht mehr aus eigener Kraft ernähren können und auf Dauer von Nahrungsmittelhilfe abhängig werden.

Die Rolle des Saatguts in der Landwirtschaft der Dritten Welt

In der Diskussion um die Gentechnik für die Dritte Welt spielt das Saatgut eine dominante Rolle, denn nur bei den Saatsorten können mit gentechnischen Mitteln wesentliche Veränderungen bewirkt werden. Die Herausforderungen durch eine schnell wachsende Weltbevölkerung und die zunehmend schrumpfenden oder zumindest karger werdenden landwirtschaftlichen Produktionsflächen sind immens – die Hoffnung auf neue Saatsorten, die einerseits hohe und konstante Erträge ermöglichen und andererseits auch auf kargen Böden gedeihen, sind deshalb groß.

Schon bei der sogenannten «*Grünen Revolution*», dem Einsatz eines Pakets aus Hochertrags-Saatsorten, Düngemitteln, Bewässerung, Pflanzenschutz und selektiver Mechanisierung, spielten neue Saatsorten die zentrale Rolle.[17] Auf dem Hintergrund des hohen Bevölkerungswachstums und den dadurch ausgelösten Befürchtungen über unvorstellbare Hungersnöte (hauptsächlich in Asien) entwickelten Wissenschaftler internationaler (öffentlicher) Agrarforschungszentren in den 50er und 60er Jahren neue Saatsorten, die eine Reihe von erwünschten Eigenschaften auf sich vereinigten, die in den traditionellen Varietäten der jeweiligen Anbaugebiete nicht vorhanden waren:

- kurze Vegetationszeit (und damit die Möglichkeit des Mehrfachanbaus);
- ausgeprägte Fähigkeit, hohe Düngemittelzufuhr in hohen Ernteertrag umzusetzen (und nicht etwa in Stengel- und Blattwachstum);
- relative Unempfindlichkeit gegen Tageslichtschwankungen;
- Resistenz bzw. Toleranz gegenüber Pflanzenkrankheiten und tierischen Schädlingen, sowie
- Toleranz gegen unregelmäßige Bewässerung, schlechte Böden und andere «Streß-Faktoren».

Die *Grüne Revolution*, die sich übrigens mit der Zeit und aufgrund gewonnener Erfahrungen konzeptionell und inhaltlich veränderte, brachte eine erhebliche Erhöhung der Produktionsmengen zustande.[18] Es ist weitgehend unbestritten, daß ohne die neuen Saatsorten (und unter sonst gleichbleibenden Bedingungen) in Asien größte Hungersnöte unvermeidbar gewesen wären. Obwohl gerade die Produktionsmengenerhöhung ursprünglich das zentrale

Forschungsziel war, wird die *Grüne Revolution* höchst kontrovers beurteilt, da von den Mehrerträgen nicht alle Bauern – und schon gar nicht Bäuerinnen – gleichmäßig profitieren konnten (was in feudalen und patriarchalen Gesellschaften nicht erstaunt!), und weil die mit den neuen Saatsorten möglich gewordene Intensivierung des Anbaus zum Teil unerwünschte ökologische Auswirkungen hatte.

Auf die Aspekte, die bei der *Grünen Revolution* zu Kritik geführt haben, wird hier nicht näher eingegangen, denn es sind in vieler Hinsicht die gleichen, gegen die im Zusammenhang mit gentechnisch veränderten Saatsorten Einwände erhoben werden – im übrigen von denselben Kritikergruppen.

Zusammenfassend ist zur Rolle des Saatguts bei der Überwindung von Hunger und Unterernährung festzuhalten, daß es eine wesentliche Voraussetzung für Verbesserungen ist, jedoch nur als ein Element – nämlich als ein technisches - unter vielen wirtschaftlichen, sozialen und politischen angesehen werden kann.

2 Krankheit

Gesundheit – so die *WHO (Weltgesundheitsorganisation)*, ist nicht nur die Abwesenheit von Krankheit oder Gebrechlichkeit, sondern vielmehr das vollständige körperliche, geistige und soziale Wohlergehen eines Menschen. Diese umfassende Definition hat zur Folge, daß *Gesundheit* in verschiedenen kulturellen und sozialen Umfeldern anders empfunden wird. Das macht länderübergreifende und intertemporale Gegenüberstellungen schwierig. Eine vergleichende Annäherung an die Fakten verschiedener Länder ist dennoch möglich, wenn man die Mortalität analysiert, denn in keiner Gesellschaft wird Kindersterblichkeit oder der vorzeitige Tod in jungen Jahren als wünschenswertes Ereignis empfunden.

Fakten

Sterblichkeit

Nirgendwo auf der Welt sind soviele Menschen in der Bevölkerung krank wie in den Ländern der Dritten Welt. In keiner Region sterben so viele Kinder unter dem fünften Lebensjahr und so viele Erwachsene in jungen Jahren.

Obwohl es in den meisten Ländern der Dritten Welt bei der Lebenserwartung und den Überlebenschancen für Säuglinge in den letzten dreißig Jahren zu erheblichen Verbesserungen gekommen ist, läßt sich der Nord-Süd-Konflikt bei diesen Meßgrößen sozialer Entwicklung noch immer besonders deutlich nachvollziehen:

Tabelle 5

Gesundheitsindikatoren ausgewählter Länder

	Lebenserwartung (in Jahren) 1990	Säuglingssterblichkeit pro 1'000 Lebendgeburten 1989
Sierra Leone	42	151
Äthiopien	45	133
Afghanistan	42	169
Guinea	43	142
Mali	45	166
Angola	45	173
Zum Vergleich:		
Bundesrepublik	75	8
Schweiz	77	7
Japan	79	5

Quelle: UNDP, Human Development Report 1991. New York 1991.

Hohe Säuglings- und Kindersterblichkeit ist nicht nur aus emotionaler und menschlicher Sicht eine Tragödie, sie hat auch aus entwicklungspolitischer Perspektive besonders hohe und kumulativ negative Auswirkungen: Da die Eltern 'überlebende Nachkommen' und nicht lediglich 'geborene Babies' wollen, 'versichern' sie sich gegen die hohe Sterblichkeit mit hohen Geburtenraten.

Was aus individueller Sicht verständlich ist, hat aus gesundheitspolitischer Perspektive verhängnisvolle Konsequenzen: Je kürzer der Abstand zwischen zwei Geburten, je häufiger die Geburten pro Frau und je höher das Alter der Frau[19], desto mehr zusätzlich geborene Kinder und deren Mütter sterben.[20] Pro 100'000 Lebendgeburten sterben z.B. in Somalia 1'100, in Bhutan 1'710 und in Ghana 1'000 Mütter. In der Bundesrepublik sind es nach Angaben der *UNDP* elf, in Norwegen sogar nur zwei. Den Teufelskreis *hohe Sterblichkeit – hohe Geburtenraten – hohe Sterblichkeit* zu durchbrechen, gehört zu den größten entwicklungspolitischen Herausforderungen unserer Zeit!

In den Ländern der Dritten Welt ist aber nicht nur die Sterblichkeit pro Kopf der Bevölkerung viel höher als bei uns, auch die Krankheitsstruktur ist eine völlig andere.

Krankheitsstruktur

Das soziale System der Armut mit seinen Komponenten Unter- und Fehlernährung, Mangel an Hygiene und sanitären Anlagen, verschmutztes Trinkwasser usw. begünstigt besonders Infektions- und parasitäre Krankheiten.

Die Statistiken der Weltgesundheitsorganisation erfassen die Unterschiede so:

Tabelle 6

Krankheitsstruktur in Industrie- und Entwicklungsländern (Angaben in Prozent)

	Industrieländer	Entwicklungsländer
Infektiöse-, parasitäre und Krankheiten der Atemwege	8.0	40.0
Krebs	19.0	5.0
Kreislauf- und degenerative Krankheiten	54.0	19.0
Unfälle und Vergiftungen	6.0	5.0
Andere Krankheiten	13.0	31.0
Total	100.0	100.0

Quelle: Weltgesundheitsorganisation, World Health Statistics Annual 1984.

Chronische und degenerative Krankheiten, wie sie bei uns in den Industrieländern häufig auftreten (z.B. Kreislauferkrankungen, Rheuma, Krebs), kommen in steigendem Ausmaß auch in den Ländern der Dritten Welt vor. Sie treten jedoch hauptsächlich in denjenigen Bevölkerungsschichten auf, die sozial, wirtschaftlich und hinsichtlich ihres Lebensstils vergleichbare Lebensumstände haben wie der Großteil der Bevölkerung in den Industrieländern des Nordens. Sie stellen eine Spezialproblematik dar, so daß für deren Gesundheitsfürsorge Wege außerhalb der öffentlichen Gesundheitspolitik gefunden werden können.

Zuverlässige Daten über das Vorkommen einzelner Krankheiten sind schwer erhältlich. Das ist zum einen die Folge unzureichender diagnostischer Fertigkeiten oder technischer Mittel, zum anderen – wie schon bei der Hungerproblematik erwähnt – ein *poverty-undercount*. Das heißt, wo die Probleme der Armut und somit die Gesundheitsprobleme am größten sind, also in den abgelegenen ländlichen Gebieten und während der Regenzeit, kommt in den seltensten Fällen – wenn überhaupt – medizinisch geschultes Personal zur Erhebung von zuverlässigen Statistiken.[21] So basieren die statistischen Angaben selbst bei denjenigen Krankheiten auf Schätzungen, auf deren Überwindung sich die Weltgesundheitsorganisation besonders konzentrieren möchte: den Tropenkrankheiten.

Tabelle 7

Tropenkrankheiten	Millionen Menschen	
	erkrankt	in Ansteckungsgefahr
Lepra	10–12	1600
Chagas-Krankheit	16–18	90
Filariose (lymphatische)	90	900
Flußblindheit	17	90
Leishmaniasis	12	350
Bilharziose	200	600
Malaria	270	2100

Quelle: WHO Features No. 139, März 1990.

Der gesundheitspolitische Ist-Zustand: Eine traurige Angelegenheit

Trotz der großen Gesundheitsprobleme stehen der Bevölkerung in der Dritten Welt geringe finanzielle Mittel, wenig Ärzte und wenige Krankenhausbetten zur Verfügung (s. Tabelle 8). Die große Mehrheit der ländlichen Bevölkerung hat noch heute aus kulturellen, geographischen und finanziellen Gründen kaum Zugang zu professionellem, medizinisch geschultem Personal. Acht von zehn Patienten in der Dritten Welt werden von traditionellen Heilern, Medizinmännern und Hexendoktoren versorgt.

Staatliche Gesundheitspolitik wird in der Dritten Welt oft nur auf einer Ad hoc–Basis und punktuell betrieben.[22] Die Wirksamkeit der Maßnahmen und die Effektivität der administrativen Vorkehrungen zur Erreichung gesundheitspolitischer Ziele werden selten überprüft.

Gesundheitsprogramme – obwohl mit hohem wirtschaftlichem und sozialem Nutzen verbunden – haben eine erschreckend niedrige Priorität für die meisten Regierungen in der Dritten Welt. Militärische Aufrüstung wird weit über die legitimen Sicherheitsinteressen hinaus betrieben (s. Tabelle 9) und verschlingt in der Regel ein Mehrfaches der Ausgaben für Gesundheit.[23]

Das Resultat:

- Basisgesundheitsdienste sind, wenn überhaupt vorhanden, schwach entwickelt und leiden unter Mangel an Infrastruktur. Die ärmsten, verwundbarsten und am meisten von Krankheit und Sterblichkeit bedrohten Bevölkerungsschichten werden kaum erreicht.

- Medizinisches Hilfspersonal erhält zu wenig Unterstützung und seine Ausbildung erfüllt oft nicht die Anforderungen für die lokalen Gesundheitsprobleme.
- Notwendige Arzneimittel sind nicht in angemessener Menge und Qualität an dem Ort, wo sie gebraucht werden.

Tabelle 8

Gesundheitsinfrastruktur in ausgewählten Ländern

Land	Einwohner je		Bevölkerung mit Zugang zu Gesundheits-heitsdiensten (in Prozent)
	Arzt	Krankenpfleger	
	(1984)	(1984)	(1985–87)
Burkina Faso	57'000	1'700	49
Tschad	38'000	3'400	30
Guinea	46'400	5'200	32
Burundi	21'100	3'000	61
Pakistan	2'900	4'900	55
Äthiopien	60'000	5'400	46
zum Vergleich:			
BRD	400	200	100
Japan	700	200	100
Schweiz	700	100	100

Quelle: UNDP 1991.

Wenn auch das Arzt–Patientenverhältnis Japans, Deutschlands oder der Schweiz nicht notwendigerweise als erstrebenswertes Ideal für die Länder der Dritten Welt gelten sollte, so wird doch klar, daß dort, wo mehrere zehntausend Menschen auf einen Arzt kommen, eine adäquate medizinische Versorgung kaum möglich ist. Besonders in ländlichen Gebieten der Dritten Welt haben die Menschen heute oft keine realistische Chance, bei ernsthaften Krankheiten oder akuten Notfällen effektive Hilfe zu erhalten.

Tabelle 9

Ausgabeprioritäten ausgewählter Entwicklungsländer: Prozentualer Anteil verschiedener Ressorts an zentralen Regierungsausgaben (1988)

	Ausgaben		
	Verteidigung	Bildung	Gesundheit
Burkina Faso	17,9	14,0	5,2
Uganda	26,3	15,0	2,4
Indien	19,3	2,9	1,8
Pakistan	29,5	2,6	0,9
Yemen, arab. Republ.	31,2	17,6	3,6
El Salvador	25,7	17,1	7,1
Peru	20,0	15,3	5,8
zum Vergleich:			
Malawi	5,6	10,0	5,9
Nepal	5,6	10,9	4,3
Ghana	3,2	25,7	9,0
Costa Rica	2,2	16,2	19,3

Quelle: Weltbank, Weltentwicklungsbericht 1990.

Ursachen

Zwischen dem Gesundheitszustand einer Bevölkerung und der sozialen und wirtschaftlichen Entwicklung eines Landes gibt es wechselseitige Abhängigkeiten. Ohne Gesundheit gibt es keinen wirtschaftlichen und sozialen Fortschritt, und ohne diesen gibt es keine Fortschritte in der Volksgesundheit. Wenn auch gesamtwirtschaftliches Wachstum als solches noch nicht eine Garantie dafür ist, daß sich der Gesundheitszustand der ärmsten Schichten einer Gesellschaft verbessert, so wird die Gesundheit dieser Menschen doch durch eine Stagnation oder einen Rückgang der wirtschaftlichen Leistungskraft eindeutig am meisten gefährdet.

Je weniger soziale und wirtschaftliche Entwicklung ein Land erfahren hat, desto größer ist die Armut seiner Menschen. Je ärmer die Menschen sind, desto weniger können sie ihre elementaren Bedürfnisse befriedigen. Das heißt, sie können sich nicht in ausreichender Menge und Qualität ernähren und können sich keine Wohnbedingungen schaffen, die die grundsätzlichsten hygienischen und sanitären Anforderungen erfüllen, und in denen sie vor widriger Witterung und krankheitsübertragenden Bakterien geschützt sind. Außerdem mangelt es ihnen an elementarer Bildung. Je größer die Defizite in der Grundbedürfnisbefriedigung sind, desto schlechter steht es um die Volksgesundheit.

Tabelle 10

Prozentsatz der Bevölkerung mit Zugang zu sauberem Trinkwasser und sanitären Anlagen in ausgewählten Ländern (1985–88)

	Trinkwasser	Sanitäre Anlagen
Burkina Faso	67	8
Mali	38	21
Mozambique	24	24
Somalia	35	19
Uganda	20	30
Bolivien	47	35
Indonesien	46	39
Myanmar	30	29
zum Vergleich:		
Schweiz	100	100

Quelle: UNDP 1991.

Ein schlechter Gesundheitszustand beeinträchtigt die Arbeitsproduktivität und führt zu Einkommensverlusten, was es den Menschen wiederum unmöglich macht, aus diesem Teufelskreis auszubrechen: «*Men and women were sick because they were poor, they became poorer because they were sick, and sicker because they were poorer.*»[24]

Es ist offensichtlich, daß eine nachhaltige Verbesserung der Volksgesundheit nicht ohne die gleichzeitige Inangriffnahme aller anderen Problemkreise der *Unterentwicklung* erreicht werden kann. Doch außer dem politischen Willen zu notwendigen Veränderungen und angemessenen finanziellen Mitteln benötigt dieses Unterfangen vor allem eines: **Zeit**.

Doch Hunderte von Millionen Menschen in der Dritten Welt sind **jetzt** krank, und das damit verbundene menschliche Leid ist so groß, daß es für sie unzumutbar ist, auf langfristige Verbesserungen zu warten. Für sie ist neben einer nachhaltigen grundbedürfnisorientierten Entwicklungspolitik kurzfristig eine adäquate Gesundheitspolitik erforderlich.

Lösungsansätze

Angemessene Gesundheitspolitik unter Bedingungen der Armut

Basisgesundheitsdienste (Primary Health Care)

Die Anforderungen an eine nationale Gesundheitspolitik, die allen Schichten der Bevölkerung gerecht werden und sowohl kurzfristige kurative als auch langfristige präventive Ziele erreichen soll, sind immens. Da die Verbesserung des physischen und geistigen Befindens der Menschen **aller** Bevölkerungsschichten das eigentliche Ziel von *Entwicklung* sein sollte, muß Gesundheitspolitik unter den Bedingungen der Armut dem Grundsatz folgen:

Lieber weniger für alle, als viel für ein paar Wenige und gar nichts für den Rest.

Basisgesundheitsdienste, so wie es in Artikel VI der *Alma-Ata-Deklaration* heißt, basieren auf praktischen, wissenschaftlich fundierten und gesellschaftlich akzeptablen medizinischen Methoden und Technologien, welche der **Allgemeinheit** zu Kosten zugänglich sind, die sowohl auf Gemeinde- als auch auf Landesebene aufgebracht werden können. Basisgesundheitsdienste sollen den ersten Kontakt zwischen Individuen, Familien, Gemeinden und dem nationalen Gesundheitssystem herstellen und Gesundheitsdienstleistungen überall dort hin bringen, wo Menschen leben und arbeiten.

Bei knappen Mitteln müssen Prioritäten gesetzt werden. Gesundheitspolitische Interventionen müssen dort geschehen, wo sie die größte Wirkung hinsichtlich der Senkung der Krankheitsfälle, Invaliditäts- und Sterberate haben. Die schwerwiegendsten Gesundheitsprobleme und die höchsten Sterberaten treten bei Säuglingen, Kleinkindern und deren Mütter aus den ärmsten Bevölkerungsschichten auf. Die logische Konsequenz für eine entwicklungskonforme nationale Gesundheitspolitik ist deshalb, daß sie stark auf die Bedürfnisse dieser Teile der Gesellschaft ausgerichtet ist: Der öffentliche Gesundheitssektor muß dafür sorgen, daß die ärmsten und damit den Krankheiten am meisten ausgesetzten Menschen Zugang zu Basisgesundheits-Dienstleistungen haben, wenn nötig und möglich kostenlos.

Artikel VII der *Alma-Ata–Deklaration* stellt die folgenden Mindestanforderungen an die Basisgesundheitsdienste:

- Aufklärung über die häufigsten Gesundheitsprobleme und Gesundheitserziehung zu deren Vorbeugung und Behandlung;
- Förderung der Nahrungsmittelversorgung und richtigen Ernährung;
- Versorgung mit sauberem Wasser und minimalen sanitären Einrichtungen;
- Gesundheitsversorgung der Neugeborenen, Kleinkinder und deren Mütter, einschließlich Familienplanung;

- vorgeburtliche Fürsorge und qualifizierte Geburtenhilfe;
- Impfungen gegen die häufigsten Infektionskrankheiten;
- Vorbeugung und Behandlung endemischer Krankheiten;
- angemessene Behandlung von Verletzungen, Verbrennungen, Unfällen und häufiger auftretenden Krankheiten;
- ausreichende Versorgung mit notwendigen Arzneimitteln.

Wie effektiv die nachhaltige Versorgung mit Basisgesundheitsleistungen sein kann, zeigt allein schon die Tatsache, daß z.B. durch Impfprogramme gegen Masern, neonatalen Tetanus, Keuchhusten und Kinderlähmung jedes Jahr zwei Millionen Kinder vor dem Tod bewahrt werden.[25] Eine konsequente Ausdehnung solcher Programme könnte weitere drei Millionen Kinder pro Jahr retten.

Da eines der kennzeichnenden Elemente für soziale und wirtschaftliche Unterentwicklung darin besteht, daß die öffentliche Hand zu wenig Ressourcen für eine den großen Problemen angemessene Sozialpolitik hat, muß – neben einer entwicklungskonformen Ausgabenpolitik der Regierung (Verminderung der Ausgaben für Rüstung!) – dafür Sorge getragen werden, daß nur diejenigen Bevölkerungsschichten von kostenlosen bzw. stark subventionierten Leistungen profitieren, für die dies aufgrund ihrer Notlage absolut notwendig ist.

Diejenigen Bevölkerungschichten, die für ihre Behandlungskosten aufgrund von Krankenversicherungen oder vorhandenen anderen Mitteln selbst aufkommen können, sollten keine staatlich subventionierten Gesundheitsdienste in Anspruch nehmen. Deshalb ist es sinnvoll, eine Trennung des privaten vom öffentlichen Sektor vorzunehmen.

Gesundheitsdienste im privaten Sektor

In allen Ländern der Dritten Welt leben, trotz großer Armut anderswo in ihren Gesellschaften, viele Menschen in relativ großem Wohlstand. Ihre Gesundheitsprobleme sind meist völlig anders strukturiert als die derjenigen Menschen, die zwar im gleichen Land, dort aber unter Bedingungen großer Armut leben. Wir finden daher in den oberen Schichten dieser Bevölkerungen eine Krankheitsstruktur vor, die jener in den Industrieländern ähnelt. Diese Krankheiten sind schwieriger zu behandeln, erfordern mehr medizinischen und labortechnischen Aufwand und verlangen eine bessere medizinische Infrastruktur. Der angemessene gesundheitspolitische Ansatz und die entsprechende Infrastruktur gleicht deshalb dem Muster, das in Industrieländern sinnvoll ist. Das gilt auch für die Art der verschriebenen Arzneimittel.

Die Patienten, die sich vorwiegend im privaten Gesundheitssektor behandeln lassen, leben mehrheitlich in Städten, verfügen über geregelte (höhere) Einkommen und sind oft durch Krankenversicherungen gedeckt. Deshalb ist es ihnen möglich, eine andere Gesundheitsversorgung zu wählen und zumindest kostendeckende Preise für die angebotenen Dienstleistungen zu bezahlen. Aus diesem Grunde sollte der öffentliche Sektor hier nicht mit Subventionen einspringen, dies würde letztlich die Versorgungsengpässe für die Mehrzahl der ärmeren Menschen des Landes verschärfen.

Die Rolle der Arzneimittel im Gesundheitswesen der Dritten Welt

Im Zusammenhang mit der Diskussion um die Gentechnik für die Dritte Welt spielen Arzneimittel und Impfstoffe eine wichtige Rolle, deshalb soll hier etwas ausführlicher darauf eingegangen werden.

Gerade dort, wo die medizinische Infrastruktur schwach ausgebaut und gut ausgebildetes Personal knapp ist, sind Medikamente – ob aus gentechnischer oder aus konventioneller Produktion – von besonderer Bedeutung, denn sie können

- vorzeitigen Tod verhindern,
- die Heilung beschleunigen,
- Invalidität verhindern und
- Symptome solcher Krankheiten lindern, deren ursächliche Bekämpfung heute noch nicht möglich ist, d.h. die Lebensqualität erhöhen.

Die Auswahl der am meisten benötigten Medikamente stellt für die Gesundheitsbehörden vieler Entwicklungsländer allerdings ein Problem dar. Die *Weltgesundheitsorganisation* hat deshalb im Jahre 1977 in Zusammenarbeit mit einem internationalen Expertengremium eine sogenannte *Essential Drugs List* zusammengestellt, in der etwa 270 unverzichtbare Arzneimittel für die Basisversorgung der Mehrheit der Bevölkerung aufgeführt sind. Sie wird regelmäßig revidiert, die neueste Fassung erschien 1988.

Weil die in den jeweiligen Ländern vorherrschenden Krankheiten sowie genetische oder lokale Gegebenheiten zu verschieden sind, gilt die *Essential Drugs List* lediglich als *Modell-Liste,* die den Entwicklungsländern als Anleitung zur Erarbeitung einer eigenen, an die jeweiligen örtlichen Bedingungen angepaßte Arzneimittel-Liste dienen soll. Die Experten der *Weltgesundheitsorganisation* betonen dabei besonders, daß die von ihnen für die *Essential Drugs List* getroffene Auswahl kein Werturteil über die Nützlichkeit eines nicht in die Liste aufgenommenen Arzneimittels darstellt. Die aufgeführten Präparate sollten jedoch in ausreichender Menge und in allen erforderlichen Darreichungsformen verfügbar sein.

Eine Problematik, die im Zusammenhang mit der breiten Nutzung gentechnisch hergestellter Impfstoffe und Arzneimittel für Menschen in der Dritten Welt heftig diskutiert wird, sind die Preise für diejenigen Medikamente und Vakzine, die aus der Forschung und Produktion privatwirtschaftlicher Unternehmen stammen:

Aufgrund der zu erwartenden Bemühungen, eine superiore Qualität oder gar die Einzigartigkeit neuer Wirkstoffe in einen möglichst hohen Gewinn umzumünzen, sind zu hohe Preise für solche Medikamente oder Impfstoffe zu vermuten, als daß eine breite Verwendung in armen Ländern möglich wäre. Diese Preise sind mit größter Wahrscheinlichkeit an den Marktverhältnissen und somit an der Kaufkraft der Industrieländer ausgerichtet. Da es nicht die Aufgabe privater Unternehmen sein kann, den Gesundheitssektor von armen Ländern zu subventionieren, sollte schon heute über neue Methoden der Finanzierung solcher Innovationen für arme Länder bzw. die dortigen unteren Schichten nachgedacht werden.

Bilaterale und multilaterale Organisationen der Entwicklungszusammenarbeit könnten mit ihren verfügbaren Mitteln unter Umständen entsprechende Lizenzen zu Sonderkonditionen erwerben oder auf andere Weise fehlende Finanzierungsmittel einbringen. Dadurch könnten auch bei knappen lokalen Ressourcen neue Medikamente oder Impfstoffe verfügbar werden, die aufgrund eines wesentlich besseren Wirkungsgrades oder erheblich geringerer Nebenwirkungen für die Menschen der Dritten Welt zwar sinnvoll und notwendig, über normale Marktmechanismen jedoch unerschwinglich wären.

Angesichts der großen organisatorischen Mängel und anderen Defiziten im Gesundheitswesen vieler Entwicklungsländer muß jedoch vor übertriebenen Hoffnungen auf wesentliche Fortschritte durch gentechnisch hergestellte Arzneimittel und Impfstoffe gewarnt werden, denn die Verfügbarkeit neuer (und alter) kurativer und präventiver Mittel kann keine strukturellen Veränderungen bewirken.

Längerfristig kann auch die beste Gesundheitspolitik nicht erfolgreich sein, wenn sie nicht von einer angemessenen Entwicklungspolitik unterstützt wird, die die sozialen Ursachen von Krankheit und vorzeitigem Sterben beseitigt.

3 Umweltzerstörung

Bis in die siebziger Jahre war für viele Menschen die Beschäftigung mit Umweltproblemen ein intellektueller Luxus, der nicht auf ihrer Prioritätenliste stand, was natürlich nicht heißt, daß erleuchtetere Denker nicht schon sehr viel früher mit adäquaten Problemanalysen und visionären Empfehlungen an die – uninteressierte – Öffentlichkeit traten.[26] Seit der Veröffentlichung der *Club of Rome*-Studie über die «*Grenzen des Wachstums*»[27] und der begonnenen politischen Sensibilisierung am Anfang jener Dekade (z.B. Stockholmer Umweltkonferenz der UNO 1972) gewann die Diskussion von Umweltthemen vermehrt an Bedeutung, war jedoch noch fast ausschließlich auf die Situation in den westlichen Industrieländern beschränkt.

Als im Jahre 1980 mit *Global 2000* im Auftrag des damaligen US-Präsidenten Carter der erste umfassende Bericht über Umwelt- und Entwicklungsfragen vorgelegt wurde, war die Frage nach der ökologischen Verträglichkeit einer (den Industrialisierungsstand der OECD-Länder) 'nachholenden Entwicklung' der Dritten Welt erstmals gestellt.[28] Sie wurde jedoch schon bald von anderen Themen eines neuen Präsidenten verdrängt. *Global 2000* sagte voraus, daß die Lebensqualität auf unserem Planeten durch wachsende Umweltbelastung und Rohstoffverbrauch sowie durch steigenden Bevölkerungsdruck abnehmen würde, wenn keine grundlegenden Verhaltensänderungen einträten.

Liest man den Bericht heute erneut, so stellt man fest, daß in praktisch allen Bereichen (z.B. Vernichtung tropischer Regenwälder, Aussterben von Tier- und Pflanzenarten, Anreicherung der Erdatmosphäre mit Kohlendioxid und ozonabbauenden Chemikalien) die Dinge sich so verschlechtert haben, wie die Experten von *Global 2000* es damals prognostizierten.

Der 1987 veröffentlichte Bericht der *Brundtland-Kommission* zeigt deutlich, wie sehr das Bewußtsein um unsere Umwelt mittlerweile gestiegen ist – was das konsequente Umsetzen des als richtig Erkannten auf globaler Ebene angeht, besteht jedoch noch immer aktueller Handlungsbedarf.[29] Dies gilt in besonderem Maße für die Länder der Dritten Welt (und Osteuropas), wo die Umweltsituation in vielen Fällen schlimmer ist als in den westlichen Industriestaaten und wo in zahlreichen Regionen ökologische Katastrophen drohen oder bereits ablaufen. Die für Juni 1992 nach Brasilien einberufene UN-Konferenz über Umwelt und Entwicklung soll nun neue Lösungsansätze für international koordinierte Umweltpolitik empfehlen.

Was die Verantwortung für die heutige Zuspitzung der globalen Umweltbelastung angeht, so steht es uns in den Industrieländern nicht an, den Menschen in der Dritten Welt Schuld zuzuweisen. Noch immer liegt es hauptsächlich am Produktions- und Konsumstil von uns in den Industrieländern, die wir nur acht Prozent der Weltbevölkerung ausmachen, aber zwei Drittel der Kohlendioxid-Emission verursachen und den größten Teil ozonzerstörender Gase (z.B. 95% der FCKWs) produzieren. Die 740 Millionen Menschen der OECD-Länder verbrauchen zehnmal soviel Energie wie die 3'900 Millionen Menschen in der Dritten Welt.

Fakten

Die Belastung von Luft, Boden und Wasser durch Energieverbrauch, Industrie- und Transportaktivitäten

Die unter dieser Bezeichnung zusammenfaßbaren Umweltbelastungen standen am Anfang der Umweltdiskussion im Mittelpunkt des Interesses. Probleme dieser Art entstehen durch industrielle Emission von Schadstoffen sowie durch Kraftfahrzeuge und Rauch aus offenem Feuer. Sie sind durch immer feiner messende Methoden quantifizierbar (z.B. Kohlenmonoxid oder Schwefeldioxid in der Luft; Schwermetalle; Dünge- und Pflanzenschutzmittel im Boden und im Wasser) und stellen nach wie vor aus globaler Perspektive das größte – wenn auch regional höchst unterschiedlich ausgeprägte – Umweltproblem dar. Statistiken über diese Arten der Umweltbelastung sind heute bei allen staatlichen und privaten Umweltorganisationen verfügbar.

Umweltprobleme werden nicht schon durch die Emissionen an sich verursacht, denn die Natur hat eine, wenn auch begrenzte, Emissionsaufnahme- und Selbstreinigungskapazität. Die Probleme entstehen, wenn das tragbare Maß überschritten, der natürliche Gleichgewichtszustand verletzt wird. Dies ist offensichtlich durch eine Reihe von fast ausschließlich aus den Industrieländern emittierten Gasen (z.B. Fluorchlor- oder Bromchlorkohlenwasserstoffe) geschehen, die eine Ausdünnung der Ozonschicht hervorrufen. Damit treffen vermehrt schädliche Ultraviolett-B-Strahlen auf die Erdoberfläche, was negative Folgen für die gesunde Existenz aller Lebewesen hat.

Während noch vor wenigen Jahren diese Art Probleme lediglich in Industrieländern vermutet wurde, weiß man heute, daß die Belastung von Luft, Boden und Wasser z.B. in städtischen Agglomerationen der Dritten Welt häufig höher ist, als in (westlichen) Industrieländern: Die Schadstoffbelastung der Luft beträgt in vielen großen Städten der Dritten Welt ein Mehrfaches des von der *Weltgesundheitsorganisation* festgesetzten Grenzwertes.[30]

Nach Ernst Ulrich von Weizsäcker sind heute die verheerendsten Luftverschmutzungswerte u.a. in Mexiko City, in Kairo oder im chinesischen Wuhan anzutreffen.[31] Industriezentren bei uns haben – obwohl ständig im Mittelpunkt umweltpolitischer Diskussionen – im Vergleich dazu eher die Luftqualität eines Erholungsgebietes.

Die Wasserverschmutzung, sei es die der großen Flüsse und Seen in der Dritten Welt oder der jeweiligen Küstengewässer, ist zu wenig systematisch erforscht, als daß mehr als punktuelle Aussagen möglich wären. Stichproben geben jedoch Hinweise auf große Probleme. Das gleiche gilt für die Bodenverschmutzung.

Vernichtung von Wäldern, Verlust von fruchtbarem Boden und Ausbreitung von Wüsten

Nach einem Bericht des Washingtoner *World Resources Institute* [32] schreitet die Vernichtung tropischer Regenwälder fast doppelt so schnell voran wie bisher angenommen – nämlich um zwanzig Millionen Hektar pro Jahr, das ist fünfmal die Fläche der Schweiz. Dem *World Resources Institute* zufolge gehören wegen Entwaldung, landwirtschaftlicher Aktivität und zunehmendem Verbrauch fossiler Brennstoffe Brasilien, China, Indien, Indonesien, Mexiko, Burma, Kolumbien und Thailand bereits zur Gruppe der zwanzig Nationen, die am meisten für den sogenannten «Treibhauseffekt» verantwortlich sind, d.h. für die Erwärmung der Erdatmosphäre.

Über das Ausmaß und die Geschwindigkeit der Vernichtung von Tropenwäldern werden von Zeit zu Zeit (und wohl auch je nach Interessenlage) unterschiedliche Daten genannt. Weitgehend unumstritten ist jedoch die Prognose, daß bei Fortsetzung des jetzigen Trends bis zum Ende dieses Jahrhunderts oder bald danach nur noch wenige tropische Regenwälder übrig sind. Hauptgrund sei, nach Meinung des *World Resources Insititute*, die Schaffung landwirtschaftlicher Nutzgebiete; die Abholzung zur Gewinnung von Brenn- und Nutzholz sei zweitrangig. Ein Großteil dieser ehemaligen Waldflächen wird in landwirtschaftliche Niedrigertragsflächen verwandelt, die den angesiedelten Bauern nur kurzfristig ein karges Überleben sichern – danach muß neues Land gerodet werden.

Ob die Vernichtung der Wälder durch Brandrodungs- und Wanderfeldbau, durch spontane Ansiedlung landloser Bauern oder staatliche Umsiedlungsprogramme, durch Weidegewinnung oder holzwirtschaftliche Nutzung stattfindet – angesichts der vielfältigen Funktionen, die von den Tropenwäldern wahrgenommen werden (für Klima, Luft und Atmosphäre, den regionalen Wasserhaushalt, die Ernährung und Rohstoffversorgung der lokalen Bevölkerung sowie als Lebensraum für eine nach wie vor weitgehend unbekannte Artenvielfalt), geht von der Waldvernichtung eine immense ökologische und wirtschaftliche Gefährdung aus. Die Vernichtung von Wäldern und das Verbrennen fossiler Brennstoffe setzt Kohlendioxyd frei, dessen Akkumulation (zusammen mit anderen Gasen) eine globale Erwärmung verursacht, was zu einer der größten Bedrohungen unserer Erde werden könnte.

Wo Bäume und Sträucher schneller verbraucht werden als sie nachwachsen können, und wo durch eine zu hohe Viehdichte oder zu intensiven Ackerbau die Vegetation auf Dauer überstrapaziert wird, setzt Erosion durch Wind und Wasser ein. Die Folgen sind der Verlust fruchtbaren Bodens und Wüstenbildung. Schätzungen über die jährlichen Landverluste gehen bis zu 21 Millionen Hektar – über 135 Millionen Menschen sind direkt davon betroffen.[33]

Der Raubbau an lokalen Ressourcen hat nicht nur die Verarmung ganzer Landstriche zur Folge, sondern auch verheerende Auswirkungen auf völlig unbeteiligte Menschen. Wenn beispielsweise im Himalaja in großem Umfang Wälder abgeholzt werden, so kommt es in Bangladesch – viele hundert Kilometer entfernt – zu verheerenden Überschwemmungen, die im Laufe der Jahre immer schwerwiegendere wirtschaftliche, soziale und ökologische Konsequenzen haben.

Umweltveränderungen können auch zu politischen Spannungen führen: So hat beispielsweise der Zugang zu den knappen Wassern des Senegalflusses und den immer karger werdenden Weidegründen 1989 zu tragischen Auseinandersetzungen zwischen senegalesischen und mauretanischen Volksgruppen geführt.

(Nebenbei: Auch umgekehrt können politische Konflikte zu Umweltkatastrophen führen, wofür der Krieg am Golf wohl das aktuellste Beispiel ist: Auf Befehl eines rücksichtslosen, menschenverachtenden Tyrannen wurde mit unzähligen ins Meer geleiteten Barrel Öl und in Brand gesetzten Ölquellen ein abscheulicher, nekrophiler Umweltterror betrieben.)

Verminderung der Artenvielfalt

Durch viele verschiedene Arten der Zerstörung und Verschmutzung von natürlichem Lebensraum für Pflanzen und Tiere wird überall auf der Welt die Artenvielfalt und damit der biologische Reichtum unserer Erde irreversibel vermindert. Das Aussterben von Arten war zwar schon immer eine Begleiterscheinung von Leben, aber die Geschwindigkeit und das Ausmaß haben sich in den letzten Jahrzehnten erheblich erhöht – die *Brundtland-Kommission* befürchtet um «Hunderte von Malen».[34]

Die Vernichtung tropischer Regenwälder spielt dabei eine zentrale Rolle, da – obwohl diese Wälder nur sechs Prozent der Erdoberfläche ausmachen – dort mindestens die Hälfte, wenn nicht 90% aller Arten leben.[35] Über die damit verbundenen ethischen Fragestellungen[36] und den ästhetischen Verlust hinaus wird durch die Verminderung der Artenvielfalt eine Reihe von Problemen aufgeworfen, deren Gewicht und Dimension unbekannt bleiben wird, weil – mangels systematischer wissenschaftlicher Erforschung – das Nutzenpotential der verlorengegangenen Arten, beispielsweise für neue und alte Nahrungsmittel, Medikamente oder industriell nutzbare Rohstoffe, nie ausgeleuchtet werden kann.[37]

Ursachen

Heute ist unbestritten, daß das Maß der globalen Umweltbelastung und Zerstörung zu einem erheblichen Teil das Ergebnis des rohstoff- und energieintensiven sowie stark umweltverschmutzenden Wirtschaftswachstums ist, durch das hauptsächlich während der letzten vierzig Jahre der durchschnittlich hohe Lebensstandard der relativ Wohlhabenden dieser Erde zustandegekommen ist. Während der letzten hundert Jahre ist der Verbrauch an fossilen Brennstoffen fast um das Dreißigfache gestiegen, die Industrieproduktion um mehr als das Fünfzigfache.[38]

Die wirtschaftlich hochentwickelten Länder dieser Erde verbrauchten mit 26% der Weltbevölkerung anfangs der achtziger Jahre 80% der Weltenergie, 79% der Weltstahlproduktion und 86% aller anderen Metalle. Der 'Rest' der Weltbevölkerung, also etwa drei Viertel, verbrauchte pro Kopf etwa zwölfmal weniger Energie, zehnmal weniger Stahl und dreizehnmal weniger andere Metalle.[39]

Doch nicht nur der Wohlstand nährt sich auf Kosten der Umwelt, auch die Armut in den Ländern der Dritten Welt tritt zunehmend als zerstörerisches Element in Erscheinung. Durch Brandrodung von Wäldern, Überweidung von Grasland, Verkürzung der Brachezeiten, ökologisch destruktive Industrialisierung und unkontrollierte Verstädterung sowie zu hohe Geburtenraten wird die Natur von einer armen Mehrheit ausgezehrt, einfach um des täglichen Überlebens willen. Mit einer langfristig tragfähigen Entwicklung ist dies nicht vereinbar.[40]

Nicht die Armen sind das Problem, sondern die Armut: Wer barfuß geht, dem kann man nichts in die Schuhe schieben. Wer vollauf damit beschäftigt ist, den täglichen Kampf für sich und seine Familie zu gewinnen, kann sich keine Gedanken über die langfristige Erhaltung seiner Umwelt leisten!

Die globale Umweltproblematik ist also das kumulative Ergebnis unzureichender und zu wenig durchgesetzter nationaler Umweltpolitik in allen Staaten dieser Erde. Die eigentliche Verantwortung liegt deshalb ein weiteres Mal bei der jeweiligen nationalen Regierung. In Wahrnehmung der Verpflichtungen für das langfristige Gemeinwohl muß in den Ländern selbst die sorgfältige Abwägung von Nutzen und Risiken verschiedener Handlungsoptionen stattfinden, müssen Zielkonflikte und Spannungsfelder konkurrierender Interessen aufgelöst werden. Dabei werden viele unbequeme Entscheidungen fällig.

Es ist, wie der *Brundtland-Bericht* schreibt, «*müßig, Umweltprobleme in den Griff bekommen zu wollen, wenn man nicht über eine breit angelegte Perspektive verfügt, die auch die Ursachen für die Armut in der Welt sowie die Ungerechtigkeit in den internationalen Beziehungen zur Kenntnis nimmt*»[41].

Lösungsansätze

Daß sich die ökonomische Entwicklung an der ökologischen Tragfähigkeit orientieren muß, gehört heute zum gesunden Menschenverstand. Dauerhafte Entwicklung (im englischen «*sustainable development*»), so der *Brundtland-Bericht*, ist Entwicklung, die den gegenwärtigen Bedarf zu decken vermag, ohne zukünftigen Generationen die Möglichkeit zur Deckung des ihren zu verbauen. Was dies jedoch konkret für die nationale und internationale Entwicklungspolitik bedeutet, ist oft strittig, da erhebliche kurzfristige Zielkonflikte auftreten.

Es kann hier nicht auf die verschiedenen heute akzeptierten Lösungsansätze für die vielfältigen Umweltprobleme im Detail eingegangen werden, deshalb sei auf die zitierte Literatur verwiesen.[42] Wenn wir jedoch das umfangreiche Bündel strategischer Erfordernisse betrachten, die der *Brundtland-Bericht* als Weg zur dauerhaften Entwicklung aufzeigt, wird uns der relativ geringe Stellenwert dessen klar, was Gen- und Biotechnologie in den Umweltschutz einzubringen vermögen:

- Belebung des Wachstums und Steigerung der industriellen Produktion bei geringerem Ressourceneinsatz durch neue Technologien mit größerer Produktivität, höherer Leistungsfähigkeit und geringerer Verschmutzung der Umwelt hauptsächlich in den Ländern der Dritten Welt, um dort die Probleme der absoluten Armut zu lindern;
- generelle Veränderung der Wachstumsqualität, damit mit weniger Aufwand (Material und Energie) mehr produziert werden kann und die Folgen in wirtschaftlicher und sozialer Hinsicht gerechter sind;

- Befriedigung menschlicher Grundbedürfnisse nach Arbeit, Nahrung, Wohnung, Wasser, Hygiene, Gesundheitsfürsorge, Bildung und Energie als zentrales Ziel entwicklungspolitischen Handelns;
- Entwicklung von Strategien, nach denen Nahrungsmittel dort produziert werden, wo sie gebraucht werden, und auf eine Art, die das Leben der Armen auf dem Lande verbessert, d.h. Förderung der kleinlandwirtschaftlichen Nahrungsmittelproduktion in Entwicklungsländern, verbunden mit Bodenreformen, verbesserter Beratung und verbesserter Technologien für Kleinbauern;
- Sicherung dauerhafter Bevölkerungszahlen auf einem Niveau, das übereinstimmt mit der produktiven Kapazität des (jeweiligen und gesamten) Ökosystems – u.a. durch die Stärkung der Rolle der Frau, Erhöhung der Lebensqualität der in Armut lebenden Menschen und Verbesserung ihres Zugangs zu Gesundheits- und Familienplanungseinrichtungen;
- Erhaltung und Stärkung der Ressourcenbasis in der Landwirtschaft, der (hauptsächlich tropischen) Forstwirtschaft und der Fischwirtschaft, einschließlich Schutz der Artenvielfalt und bedrohter Ökosysteme, sowie effiziente Nutzung von Energie und anderen mineralischen Rohstoffen;
- Neuorientierung der Technologiepolitik (u.a. sparsamerer Energieverbrauch und Entwicklung ökologisch vertretbarer Alternativen zum Einsatz fossiler Brennstoffe; Förderung von sozial und ökologisch angepaßter technologischer Innovation in der Dritten Welt) und die Promotion eines umfassenden generellen Bewußtseinswandels;

- Verbindung von Umwelt und Wirtschaft in Entscheidungsprozessen durch sektorübergreifende Wahrnehmung von Verantwortlichkeit und einen entsprechenden Wandel im gesetzlichen und institutionellen Rahmen auf internationaler Basis.

Für die *Brundtland-Kommission* sind internationale Entwicklungspolitik und globale Umweltpolitik die beiden Seiten ein und derselben Medaille: «*Eine Welt, in der die Armut herrscht, wird immer zu ökologischen und anderen Katastrophen neigen.*»[43] Aus dieser Erkenntnis resultiert einerseits die Forderung nach einer grundbedürfnisorientierten Entwicklungspolitik und politischen Ordnungen, die sich durch eine wirksame Mitbestimmung der Bürger bei der Entscheidungsfindung auszeichnen, andererseits das Verlangen nach einem Mehr an Demokratie im internationalen Entscheidungsprozeß und einer Veränderung der Lebensgewohnheiten der Wohlhabenden. Solange im Norden nicht alle Spielräume für sachgerechte Umweltpolitik ausgenutzt sind, fehlt es uns an der notwendigen Glaubwürdigkeit, um die Verantwortlichen in der Dritten Welt zu vermehrtem Umweltschutz aufzufordern. Erforderlich ist deshalb auch eine baldige qualitative Veränderung des Wachstums bei uns, damit eine weitere Steigerung der Lebensqualität für alle Bewohner dieser Erde nicht an unseren heutigen Denk- und Verhaltensweisen scheitert.

Wegen der gegenseitigen Abhängigkeit vieler Problemkreise ist eine international koordinierte und kohärente Umweltpolitik notwendig. Sie kann aber lediglich ergänzenden und erleichternden Charakter für nationale Umweltpolitik haben – da liegt eine wichtige Parallele zur allgemeinen Entwicklungspolitik.

Die sachgerechten Veränderungen in den verschiedenen Problemkreisen gehen weit über die Möglichkeiten und Verantwortlichkeiten einer einzelnen Nation oder einer einzelnen Disziplin hinaus. Die heute sichtbar werdenden Probleme haben so vielfältige und komplexe Ursachen, und die ökologische Verflechtung auf internationaler Ebene ist so dicht, daß einfache politische oder technische Lösungen nicht in Frage kommen. Da es jedoch um eine nachhaltige Entwicklung für den ganzen Planeten und um akzeptable Lebensbedingungen für alle heute und zukünftig lebenden Menschen geht, genügt es längst nicht mehr, an den immer häufiger einberufenen Konferenzen Besorgnis und Betroffenheit zu demonstrieren, gleichwohl aber im alten Trott kurzfristige nationale und sektorale Egoismen weiterzuverfolgen.

Sinnvolles Handeln erfordert lange Anlaufzeiten – daher bereitet die Tatsache, daß es in kaum einem Land der Dritten Welt eine konzeptionell nachvollziehbare Umweltpolitik gibt und nur sehr selten eine nachhaltige Bevölkerungspolitik[44] betrieben wird, zusätzliche Sorgen.

Rhetorische Kraftakte an internationalen Konferenzen oder kleine symbolische Gesten mit großer Medienpräsenz verschleiern die wahren Umstände; sie täuschen Verbesserungen vor, wo in Wirklichkeit Verschlechterungen stattfinden. Das Hinauszögern von problemadäquaten Entscheidungen wie der systematischen Konzipierung und Umsetzung 'grüner' Entwicklungsstrategien verteuert nicht nur alle späteren Lösungen, sondern verringert auch den Spielraum für wirkungsvolles Handeln bis zum ökologischen Diktat für Wirtschaft und Gesellschaft.

Aus der Geschichte wissen wir, daß dieses 'Diktat' aller Voraussicht nach auf andere gesellschaftliche Bereiche ausgedehnt wird, da bei großen sozialen wie ökologischen Katastrophen Demokratien stets zugrundegingen.

Was bedeutet das konkret für uns Menschen in den Industrieländern?

Immanuel Kant formulierte in seiner *Grundlegung zur Metaphysik der Sitten* eines der höchsten moralischen Gebote: «*Handle nach der Maxime, die sich selbst zugleich zum allgemeinen Gesetz machen kann.*»[45] Gegen dieses Gebot verstoßen wir Menschen in den westlichen Industrieländern tagtäglich, denn unser Energieverbrauch, Konsumstil und Abfallverhalten ist nicht universalisierbar. Würde unser Lebensstil zur Schablone für die ganze Menschheit, so brächen sämtliche Ökosysteme, die für unser Überleben wichtig sind, zusammen. In diesem Sinne machte beispielsweise Papst Johannes Paul II. in seiner Botschaft zum Weltfriedenstag 1990 auf die moralische Dimension der ökologischen Krise aufmerksam – auf die Tatsache, daß eine zukunftsfähige Entwicklung für den ganzen Planeten von uns neue Verhaltensmuster verlangt, neue Wertigkeiten fordert und eine Rückbesinnung auf ethische Gebote notwendig macht.

Außer der Gefahr des ökologischen Zusammenbruchs vergrößert sich bei schrumpfenden Ressourcen (Wasser, fruchtbares Land, fossile Energie) auch das Risiko internationaler Verteilungskämpfe, die angesichts des heutigen Lieferverhaltens[46] vieler Unternehmen durchaus auch mit Massenvernichtungsmitteln geführt werden könnten.

Die Nichtbeachtung ethischer Normen hat bisher immer nur begrenzte Folgen gehabt, meistens nur für den Handelnden selbst und die davon direkt Betroffenen. Wenn es sich je um sehr weitreichende Folgen handelte, wie etwa die des Zweiten Weltkrieges, so wurde selbst in diesem Extremfall doch nicht die Biosphäre als solche bedroht. Diese bisher unvorstellbare Möglichkeit besteht jedoch heute.

Seit langem nachweisbar ist die Tatsache, daß durch die Kumulation traditioneller und sogenannter moderner Verhaltensweisen Schäden am Gesamtsystem der Biosphäre, wie etwa dem Klima, der Atmosphäre, dem Wasserhaushalt oder der Vegetation hervorgerufen werden. Wenn die Degeneration oder Vernichtung von Leben auf breiter Basis verhindert werden soll, ist die Beachtung fundamentaler umweltethischer Normen auf individueller und globaler Ebene nicht mehr nur als eine Frage der moralischen Kompetenz oder gar des formalen Bildungsstandes zu betrachten. Es ist schlichtweg eine Frage der Intelligenz, nicht an dem Ast zu sägen, auf dem man sitzt.

Dabei tastet die Intelligenz des 'wohlverstandenen Eigeninteresses' nicht einmal an die anthropozentrische Denktradition des Menschen, denn die zur Rettung der Natur erforderlichen 'Opfer' und 'Verzichte' müßten nur eine Umwandlung in das **positive Recht** des Menschen auf eine unversehrte Natur erfahren. Ob sich eine solche Einsicht gegen die alten Entfaltungs-, Freiheits- und Nutzungsrechte des Menschen durchsetzen kann, ist jedoch noch offen. Hans Jonas äußert daran seine Zweifel, denn «*es würde bedeuten, nicht nur das menschliche Gut, sondern auch das Gut außermenschlicher Dinge zu suchen* (...) *und die Sorge dafür in den Begriff des menschlichen Guts einzubeziehen. Für eine* *solche Treuhänderrolle hat keine frühere Ethik (außerhalb der Religion) uns vorbereitet – und die herrschende wissenschaftliche Ansicht der Natur noch viel weniger (...) hat sie diese doch zu der Indifferenz von Notwendigkeit und Zufall reduziert und aller Würde von Zwecken entkleidet»*[47].

Zusätzlich zu individuellen Verhaltensänderungen müssen staatliche und private Ressourcen für Forschung und Entwicklung eingesetzt werden, um Technologien zu finden, die Produktionsabläufe umweltverträglich machen und vorhandene Umweltschäden beheben. Schließlich sind staatliche Rahmenbedingungen notwendig, die ökologisch verantwortliches Verhalten profitabel machen und ökologisch destruktives Verhalten bestrafen. Wo könnte sich das Anreizsystem der freien Marktwirtschaft nützlicher erweisen als im Wettbewerb um die besten Lösungsvorschläge für unsere Umweltprobleme?

Zur Beschleunigung einer globalen ökologischen Wende wird es jedoch auch notwendig sein, mit finanziellen und technischen Mitteln denjenigen Ländern zu helfen, in denen der politische Wille vorhanden ist, ökologisch tragfähige Entwicklungswege zu gehen, dies aber aus eigener Kraft nicht finanzieren können. Eine solche Hilfe nützt auch uns: Mit einer Summe von z.B. zehn Milliarden US Dollar sind in Ländern wie Brasilien, Mexiko, Indien oder China (aber auch in den osteuropäischen Industrieländern) größere Reduktionen der Umweltbelastung möglich als mit gleichem finanziellem Aufwand in der Schweiz, da bei uns auf relativ niedrigerem Verschmutzungsniveau weitere Verbesserungen teurer sind als initiale Verbesserungen in Ländern mit hohem Verschmutzungsniveau. Das Ergebnis der Investition käme jedoch allen heutigen und nachfolgenden Generationen zugute.

Für eine am langfristigen wohlverstandenen Eigeninteresse ausgerichtete ökologische «Weltinnenpolitik» sind daher auch neue Strukturen der Zusammenarbeit mit meß- und einforderbaren gegenseitigen Verpflichtungen erforderlich – und zwar bald, denn, so die *Brundtland-Kommission*:

«*Die nächsten Jahrzehnte sind entscheidend. Die Zeit für den Verzicht auf überholte Handlungsmuster ist gekommen. Durch Versuche, ein soziales und ökologisches Gleichgewicht auf der Grundlage herkömmlicher Entwicklungs- und Umweltschutzmaßnahmen zu sichern, wird das Ungleichgewicht noch vergrößert. Die Sicherheit muß in der Veränderung der bestehenden Verhältnisse gesucht werden.*»[48]

Umweltpolitik war bisher darauf ausgerichtet, daß sich in den Industrieländern etwas ändert, und Entwicklungspolitik konzentrierte sich traditionell vornehmlich auf Veränderungen im Süden. Eine langfristig tragfähige Entwicklung für alle Menschen auf dieser Erde wird nur möglich werden, wenn sich alle über die Interdependenzen der Handlungen aller Akteure auf diesem Globus bewußt werden und entsprechend handeln. Die Anstrengung lohnt sich, denn was auf dem Spiel steht, könnte durchaus unser aller Überleben sein.

Das Elend ist nicht aus. Die Besserung trat nicht ein.
Für euch ist nicht gesorgt. Ihr könnt nicht ruhig sein.
Wird also eure Welt so besser? Nein:
's ist nur der Tropfen auf den heißen Stein.

Bertolt Brecht
«Ballade vom Tropfen auf den heißen Stein»

Anmerkungen

1 Vgl. FAO: Agriculture: Toward 2000. Rom 1987, S. 66.

2 UNDP: Human Development Report 1990. New York 1990, S. 23.

3 FAO, 16. Regionalkonferenz, Marrakesch, Juni 1990.

4 Vgl. World Food Council: Meeting the Food Production Challenges of the 1990s and Beyond. Executive Summary Africa. Rom 1991, S. 2 f.

5 Siehe dazu Myrdal G.: Asian Drama. An Inquiry into the Poverty of Nations. Vol. III, Harmondsworth 1968, S. 1859 f.

6 Vgl. Matzke O.: Die Ernährungskrise Afrikas. Ein Aktionsprogramm der UNO. In: Leisinger K.M./Trappe P. (Hrsg.): Social Strategies Forschungsberichte. Vol. 1, Nr. 4, Basel 1986.

7 Siehe dazu Brown L.R. et al.: State of the World 1990. Worldwatch Institute, Washington D.C. 1990, S. 59–72.

8 Im Umweltkapitel wird auf die Definition und entwicklungspolitische Bedeutung des «sustainable development» vertieft eingegangen.

9 De Haen H.: Theorien ländlicher Entwicklung. In: Von Blanckenburg P.: Sozialökonomie der ländlichen Entwicklung. Bd. 1: Handbuch der Landwirtschaft und Ernährung in den Entwicklungsländern. 2. Auflage, Ulmer, Stuttgart 1982, S. 38.

10 Siehe Conze W.: Agrarverfassung. In: Handwörterbuch der Sozialwissenschaften. Bd. 1, Göttingen 1956, S. 105–113.

11 Vgl. Popp H.W.: Die internationale Ernährungslage. In: Bulletin der Schweizerischen Kreditanstalt Nr. 6. Zürich 1990, S. 4 f.

12 FAO: Agriculture: Toward 2000. Op. cit. S. 118.

13 Anbauintensität wird gemessen als Prozentsatz, den die abgeerntete Landfläche an der gesamten landwirtschaftlich nutzbaren Fläche ausmacht.

14 Aufgrund verbesserter Inputs (ertragsintensivere Saatsorten, bessere Bewässerung, Dünger und Pflanzenschutz) und verbesserter Anbaumethoden.

15 Zur Frauenproblematik siehe z.B.: Wichterich Ch.: Stree Shakti. Frauen in Indien: Von der Stärke der Schwachen. Lamur, Bornheim 1986; ebenso Donner-Reichle C./Klemp L. (Hrsg.): Frauenwort für Menschenrechte. Sozialwissenschaftliche Studien zu internationalen Problemen, Nr. 146, Breitenbach, Saarbrücken 1990.

16 Vgl. Leisinger K.M.: Hoffnung als Prinzip. Analysen und Thesen zum Bevölkerungswachstum. UNICEF (Hrsg.), Zürich 1989.

17 Für eine umfassende Diskussion siehe Leisinger K.M.: «Grüne Revolution»: Eine revidierte Beurteilung im Lichte neuer empirischer Erfahrungen. In: Außenwirtschaft, 39. Jhg, H. IV, 1984, S. 357–381; ders.: Die «Grüne Revolution» im Wandel der Zeit: Technologische Variablen und soziale Konstanten. Erschienen als: Social Strategies Forschungsberichte. Vol. 2, No. 2, Basel 1987.

18 Vgl. Swaminathan M.S.: Science and the Conquest of Hunger. New Delhi 1983.

19 Über 35 (aber auch unter 18).

20 Siehe dazu Leisinger K.M.: Hoffnung als Prinzip. Analysen und Thesen zum Bevölkerungswachstum. UNICEF (Hrsg.), Zürich 1989.

21 Vgl. Chambers R.: Rural Poverty Inperceived: Problems and Remedies. In: World Development, Vol. 9 (1981), S. 1–19.

22 Leisinger K.M.: Health Policy for Least Developed Countries. Social Strategies. Vol. 15, 2. Auflage, Basel 1985.

23 Vgl. Weltbank: Weltentwicklungsbericht 1990. Washington D.C. 1990, Tabelle 11.

24 Siehe Winslow C.E.A.: The Cost of Sickness and the Price of Health. WHO, Genf 1951, S. 9.

25 Vgl. UNICEF: The State of the World's Children. New York 1990.

26 Vgl. Kapp K.W.: The Social Cost of Private Enterprise. Harvard University Press, Cambridge, Mass. 1950. Überarbeitete und aktualisierte deutsche Übersetzung bei fischer alternativ: Soziale Kosten der Marktwirtschaft. Frankfurt 1979. Siehe ebenfalls Kapp K.W.: Für eine ökosoziale Ökonomie. Entwürfe und Ideen. Ausgewählte Aufsätze. fischer alternativ, Frankfurt 1987.

27 Meadows D. et al.: The Limits to Growth. Potomac Association, New York 1972.

28 The Global 2000 Report To the President – Entering the Twenty-First Century. Harmondsworth 1980.

29 World Commission on Environment and Development: Our Common Future. Oxford University Press, New York 1987. Deutsche Ausgabe von Hauff V. (Hrsg.): Weltkommission für Umwelt und Entwicklung: Unsere Gemeinsame Zukunft. Eggenkamp, Greven 1987.

30 Vgl. BMZ: Umwelt und Entwicklung. (Entwicklungspolitik – Materialien Nr. 77), Bonn 1987, S. 8.

31 Von Weizsäcker E.U.: Erdpolitik. Wissenschaftliche Buchgesellschaft, Darmstadt 1989, S. 112 f.

32 World Resources Institute/International Institute for Environment and Development: World Resources 1990. Basic Books, New York 1990.

33 BMZ: Umwelt und Entwicklung. Op. cit., S. 14.

34 Siehe dazu: Unsere gemeinsame Zukunf. Op. cit. S. 152 f.

35 Ebenda, S. 150 f.

36 Siehe dazu Hösle V.: Philosophie der ökologischen Krise. Beck'sche Reihe, München 1991. Hauptsächlich Kapitel III.

37 Siehe dazu auch The Panos Institute: Panoscope 23. London, March 1991, S. 13–19.

38 Vgl. Unsere gemeinsame Zukunft. Op. cit. S. 35.

39 Ebenda, S. 36.

40 Vgl. OECD: Zusammenarbeit im Dienste der Entwicklung. Paris 1990, S. 41.

41 Unsere Gemeinsame Zukunft. Op. cit. S. 3.

42 Hauptsächlich: Unsere gemeinsame Zukunft, op. cit. und von Weizsäcker E.U.: Erdpolitik, op. cit. und die dort angegebene Literatur.

43 Unsere gemeinsame Zukunft. Op. cit. S. 10.

44 Das Thema «Bevölkerungswachstum und Umwelt» ist in sich eine so komplexe Materie, daß hier nicht in der notwendigen Tiefe auf sie eingegangen werden kann. Siehe dazu u.a. Ehrlich P.R. u. A.H.: The Population Explosion. Simon und Schuster, New York 1990; ebenfalls OECD: Zusammenarbeit im Dienste der Entwicklung. Paris 1990, S. 133–156.

45 Siehe Kant I.: Grundlegung zur Metaphysik der Sitten. Meiner, Hamburg 1965, S. 61.

46 Leyendecker H./Rickelmann R.: Exporteure des Todes. Deutscher Rüstungsskandal in Nahost. 3. Auflage, Steidl, Göttingen 1991.

47 Jonas H.: Sittliches Eigenrecht der Natur? In: Das Prinzip Verantwortung. Suhrkamp, Frankfurt 1979, S. 29.

48 Unsere gemeinsame Zukunft. Op. cit. S. 26.

II Nutzen und Risiken der Gentechnik für die Dritte Welt

1 Nutzen

Die für die Menschen in der Dritten Welt bedeutungsvollen Nutzenpotentiale (und somit Forschungsziele) der Gentechnik unterscheiden sich im Prinzip nicht von denjenigen, die für uns in den Industrieländern wichtig sind:

Mit Hilfe der Gen- und Biotechnologie sollen die Nahrungsmittelversorgung sichergestellt, Krankheiten vermieden oder geheilt und die Umweltzerstörung aufgehalten oder wenn möglich rückgängig gemacht werden.

Das bedeutet, daß in der Dritten Welt die gleiche Technologie zur Anwendung kommt, die praktische Arbeit sich jedoch in bezug auf das jeweilige natürliche, soziale und kulturelle Umfeld unterscheidet.

Nutzen für die Landwirtschaft

Die Theorie

Die Forschung nach und die Entwicklung von *optimalem* Saatgut steht im Zentrum der gentechnischen Forschungsbemühungen in der Landwirtschaft. Dabei werden die gleichen Ziele angestrebt wie bei der herkömmlichen Forschung, nämlich Pflanzensorten zu finden, die sichere und höhere Ernteerträge bei gleichen oder niedrigeren Anbaukosten ermöglichen.

Es geht also nicht darum, skurrile Chimärenpflanzen («Tomoffel») zu erfinden, sondern bestimmte Eigenschaften wichtiger Kulturpflanzen zu verbessern. Die großen Vorteile der Gentechnik gegenüber der konventionellen Züchtung liegen darin, daß die gewünschten Eigenschaften gezielt gesucht, erkannt, aus der betreffenden Pflanze herausgetrennt und in relativ kurzer Zeit in eine andere Pflanze eingeschleust werden können. Das Resultat der Arbeit ist dasselbe wie das der konventionellen Züchtung, jedoch ohne teueres und langwieriges Hinundherkreuzen. Darüber hinaus eröffnet die Gentechnik den Pflanzenzüchtern eine größere Vielfalt widerstandsfähiger Pflanzensorten, indem mit ihrer Hilfe die Übertragung von Eigenschaften auch artenübergreifend möglich ist – ein weiterer Vorteil gegenüber konventionellen Methoden. Zum Beispiel kann die Resistenzfähigkeit einer Bohnenart gegen einen bestimmten Schädling in eine Maispflanze eingebaut werden.

Die Forschungsbemühungen sind heute hauptsächlich auf Toleranzen bzw. Resistenzen gegenüber Pflanzenkrankheiten (Pilze, Bakterien, Viren) und tierischen Schädlingen (Insekten, Milben, Nematoden) ausgerichtet – Faktoren, die Verluste von zwischen zwanzig und vierzig Prozent[1] der Weltlandwirtschaftsproduktion verursachen. Mit jedem Erfolg in der Toleranz- und Resistenzforschung wird ein verminderter Einsatz von Schädlingsbekämpfungsmitteln möglich.

Traditionelle Saatsorten sind in ariden, semi-ariden und gebirgigen Gebieten gar nicht oder nur beschränkt anbaubar. Deshalb besteht ein anderes, sehr wichtiges Forschungsziel für die Landwirtschaft der Dritten Welt in der Entwicklung verbesserter Nahrungsmittelkulturen, die gegen Trockenheit bzw. unkontrollierte Bewässerung, unfruchtbare Böden (Versalzung), Tageslichtschwankungen, Kälte und andere sogenannte «Streßfaktoren» Toleranzen aufweisen. Angestrebt werden auch die direkte Verwertung von Stickstoff aus der Luft zur Eigendüngung sowie die Verbesserung der Photosynthese.

Ebenso bedeutend für viele Regionen in der Dritten Welt wäre die Erhöhung des Nährwertes verschiedener Nutzpflanzen. Dazu zwei Beispiele: Ein Nachteil der in der Sahelzone weitverbreiteten Nahrungsmittelpflanze Hirse ist ihr zu geringer Eiweißgehalt. Der ausschließliche Hirsekonsum führt zu Fehl- und Mangelernährung – eine unter armen Bevölkerungsschichten weit verbreitete Erscheinung. Könnten aber die proteinbildenden Eigenschaften der Kuhbohne (Niebe) in die Hirse eingeschleust werden, würde das besonders für die unteren Bevölkerungsschichten eine wesentliche Verbesserung ihres Ernährungsstandes bedeuten. Ein weiteres Beispiel, die Ernährungsbasis Afrikas südlich der Sahara zu verbessern, wäre die Erhöhung des Eiweißgehaltes von Maniok (Cassava) und die Verminderung seiner Anfälligkeit gegen das Maniok-Mosaik-Virus.[2] Aus entwicklungspolitischen Gründen ist

Forschung in dieser Hinsicht überaus wünschbar – ihre Finanzierung aus Mitteln der Entwicklungszusammenarbeit bietet sich an.

Völlig neue Forschungsziele werden durch veränderte regionale Wetterverhältnisse (deutlich abnehmende Niederschläge in der Sahelzone Afrikas)[3] und durch den sich immer deutlicher abzeichnenden Treibhauseffekt diktiert: Da der Treibhauseffekt, insofern er der Landwirtschaft anzulasten ist, zu einem erheblichen Teil durch Kohlendioxyd und Methanabgabe aus dem Reisanbau verursacht wird, unterzeichneten im November 1990 die amerikanische Umweltschutzbehörde *(EPA)* und das *IRRI (Internationales Reisforschungsinstitut)* einen Vertrag über ein gemeinsames Forschungsprogramm zur Reduzierung der Kohlendioxyd- und Methan-Emissionen im Reisanbau. Ziel ist die Züchtung von Reissorten, die trotz erhöhtem Ertragspotential so wenig Kohlendioxyd und Methan wie möglich an die Atmosphäre abgeben. Aus den über 85'000 Sorten der Genbank des *IRRI* müssen nun jene mit den geringsten Emissionswerten herausgefunden werden und deren Erbanlagen in Hochertragssorten mit möglichst hoher Resistenz gegen Krankheiten und Schädlinge eingebaut werden. Anstatt langwieriger Kreuzung und Selektion wird es mit der Gentechnik möglich, zum Nutzen des Erdklimas schnell und zielgerichtet entsprechende Veränderungen der Erbinformation(en) in den Pflanzenzellen vorzunehmen.[4]

Ein letztes Forschungsziel, das übrigens in Industrieländern zu heftigen Kontroversen geführt hat, ist die Herbizid-Toleranz. Gegner dieses Forschungsziels befürchten, daß herbizidtolerante Saatsorten den Bauern nicht genügend Anreiz geben, mit Herbiziden so sparsam umzugehen, wie es aus ökologischer Sicht angebracht wäre.

Da der Einsatz von Unkrautvertilgungsmitteln in Ländern der Dritten Welt jedoch die große Ausnahme ist und von Kleinbauern fast nicht praktiziert wird (die Herbizidverkäufe in Afrika südlich der Sahara beliefen sich im Jahre 1989 auf 0,6% des Welt–Herbizidmarktes, die in allen Entwicklungsländern Asiens auf weniger als 5%), wird hier auf die Problematisierung der Herbizid-Toleranz verzichtet.

Die Vorbeugung gegen und die Behandlung von Tierkrankheiten (z.B. Rinderpest) sind ebenfalls von großer Bedeutung.[5] Forschungsziele für die Viehhaltung bzw. Viehzucht, wie z.B. die Leistungs- und Wachstumsförderung oder die bessere Futterverwertung, können im spezifischen Fall ebenfalls wichtig sein, sie sind jedoch aus meiner Sicht nicht so relevant für die hier zur Diskussion stehenden Probleme.[6]

Die Praxis

Das «Technologie- und Beschäftigungsprogramm» des *Internationalen Arbeitsamtes (ILO)* legt seit Januar 1989 ständig Fallstudien über die Auswirkungen der Gentechnik und biotechnologischer Methoden in der Landwirtschaft verschiedener Länder der Dritten Welt vor. Die uns heute dadurch zugänglichen empirischen Daten für die Landwirtschaft – bisher noch weniger mit der Gentechnik als mit der Biotechnologie – sind äußerst positiv:

- Aus der **Volksrepublik China** wird über große Erfolge in bezug auf Ertragserhöhung, Krankheitsresistenz und Toleranz gegen widrige Umweltbedingungen (z.B. Trockenheit und Wüstenwinde) berichtet, und zwar bei Reis, Weizen, Kartoffeln, Zuckerrohr, Bananen und Tabak.

Die Einsparungen bei Stickstoffdüngern und chemischen Pflanzenschutzmitteln betrugen über 100 Millionen Yuan, ein Nutzen-Kosten–Verhältnis von 16:1.[7]

- In **Kenya** erhöhten biotechnologische Verfahren im Kartoffelanbau die Land- und Arbeitsproduktivität sowie den Ertrag.[8] Allerdings, und auf dies wird noch einzugehen sein, profitierten größere Farmen und reichere Bauern mehr als Kleinbauern.
- In **Mexiko** brachten biotechnologische Verfahren besonders denjenigen Bauern Vorteile, die aus Mangel an Kaufkraft keinen Zugang zu chemischen Pflanzenschutzmitteln hatten: Resistente Kaffeesorten halfen ihnen, wirtschaftlich zu überleben und ihre Beschäftigungsmöglichkeiten auszudehnen.[9]
- In **Kenya** und in **Mexiko** nahm als Folge des Einsatzes der neuen Technologie auch die Nachfrage nach Tagelöhnern zu, stiegen deren Löhne, so verminderten sich die Lohnunterschiede im Vergleich zum städtischen Niveau. Diese besonders für die wachsende Anzahl der landlosen Bauern überall im ländlichen Raum der Dritten Welt wichtigen positiven Auswirkungen werden generell als Folge des verbreiteten Einsatzes biotechnologischer Methoden in der Dritten Welt erwartet.[10]

Weitere Fallstudien sind beim *Internationalen Arbeitsamt (ILO)* in Ausarbeitung. Aufgrund der vorliegenden Fallstudien über die Auswirkungen bio- und gentechnologischer Interventionen in der Landwirtschaft von Ländern der Dritten Welt kommt das *Internationale Arbeitsamt* zu dem Schluß, daß die positiven Auswirkungen auf die Menschen tiefgreifender sein könnten als solche, die aus den gegenwärtig genutzten mechanischen und chemischen Technologien resultieren.[11]

Über weitere Fortschritte wurde bei der Eigendüngung berichtet: Im Reisanbau Chinas, Indiens, Vietnams und der Philippinen wurden mit biotechnologischen Methoden erhebliche Fortschritte bei der Erhöhung der biologischen Stickstoff-Fixierung möglich.[12] Sie verminderten die Notwendigkeit einer konventionellen Düngung und die damit verbundenen Risiken und Kosten bei einem der schwerwiegendsten Begrenzungsfaktoren für die Erhöhung der landwirtschaftlichen Produktion.

In Zimbabwe wurde mit gen- und biotechnologischen Methoden eine Verdoppelung der Cassava-Erträge erzielt – und zwar auf kargen Böden und mit unregelmäßiger Bewässerung – also Bedingungen, mit denen besonders die ärmeren Bevölkerungsschichten leben müssen.[13] Die zukünftige Vermeidung von Hungersnöten in der Dritten Welt hängt wesentlich davon ab, ob die Produktivität von Nahrungsmittelkulturen auf marginalen Böden nachhaltig erhöht werden kann.

Im gleichen Projekt des *Department of Crop Sciences* der University of Zimbabwe wird erfolgreich an der Entwicklung einer trockenheitstoleranten Maissorte und an nematodenresistenten Kohlsorten gearbeitet. Beides ist von größter Bedeutung für die Nahrungsmittelselbstversorgung afrikanischer Kleinbauern. Daneben – und aus gesamtwirtschaftlicher Sicht eines schwarzafrikanischen Staates ebenso wichtig – sind erste Erfolge in bezug auf Verbesserungen bei Exportkulturen wie Erdbeeren, Kaffee und Tabak sichtbar. Ebenfalls von großer Bedeutung sind Forschungserfolge, die in bezug auf die Entwicklung von stengelbohrerresistenten Mais- und Baumwollsorten[14] erzielt wurden.

Die Tatsache, daß bei Anbaukulturen, die gegenüber Pflanzenkrankheiten oder pflanzlichen und tierischen Schädlingen resistent oder tolerant sind, weniger chemische Pflanzenschutzmittel eingesetzt werden müssen, ist für die Dritte Welt aus wirtschaftlichen Gründen (weniger Importe) und sozialen Erwägungen (Mangel an Sicherheit bei der Applikation solcher Mittel) von größter Bedeutung.

In Zusammenhang mit dem Nutzen der Gentechnik für die Landwirtschaft muß auf die stetig anwachsende Bevölkerung und die daraus resultierenden Schwierigkeiten einer nachhaltig gesicherten Nahrungsmittelversorgung hingewiesen werden.[15] Die Notwendigkeit hoher und nachhaltiger Produktionssteigerungen und somit die große Bedeutung hochproduktiver und zugleich ertragssicherer Saatsorten ist in der entwicklungspolitischen Diskussion, besonders für die Länder Afrikas südlich der Sahara, unbestritten. Niemand kann die Landfläche der Erde vergrößern, aber es ist mit Hilfe gentechnisch 'maßgeschneiderter' neuer Pflanzen und mit biotechnologischen Methoden möglich, auf dem vorhandenen Land mehr Nahrungsmittel mit weniger Energie-Input (Dünger) und mit weniger problematischem Pflanzenschutz zu produzieren.

Jonathan Swift läßt Lemuel Gulliver unter anderem ins Reich der Riesen, nach Brobdingnag, reisen. Dort erklärt ihm der König, daß in seinem Reich jeder, der zwei Kornähren oder zwei Grashalme auf einem Fleckchen Erde zum Wachsen brächte, wo früher nur einer wuchs, sich mehr um die Menschheit verdient mache und seinem Land einen wichtigeren Dienst erweise als das ganze Gezücht der Politiker zusammengenommen.[16] Heute könnten mit der Gentechnik auf einem Fleckchen Erde noch viel mehr Kornähren hervorgebracht werden, doch es würde nicht überall und von allen als ein «Verdienst um die Menscheit» gerühmt werden. Das ist vielleicht ein Hinweis dafür, daß dort, wo der Hunger für viele Menschen eine tägliche Bedrohung ist, Fortschritt anders gewertet wird als dort, wo sich Menschen aufgrund ihres hohen Wohlstandniveaus postmateriellen Werten zuwenden können.

Nutzen für die Gesundheit

Die Theorie

Im Vordergrund der gentechnologischen Forschung für die Gesundheit stehen folgende Ziele:

- Suche nach und Herstellung von neuen Arzneimitteln zur Therapie von noch heute nur schlecht oder noch gar nicht behandelbaren Krankheiten.
- Verbesserung von vorhandenen und Herstellung neuer Impfstoffe – Bemühungen, die angesichts der sich z.B. in Afrika südlich der Sahara abzeichnenden Katastrophe durch die epidemische Ausbreitung des HIV gar nicht hoch genug eingeschätzt werden können.[17] Aber auch zur Prävention von Tropenkrankheiten wie Malaria, Bilharziose, Leishmaniose, Filariose oder Lepra, die noch immer großes menschliches Leid und hohe wirtschaftliche Kosten verursachen,[18] werden Impfstoffe gesucht.
- Diagnostika zur rascheren und besseren Abklärung von Krankheiten.

Ob durch die Gentechnik auch bessere Methoden und Mittel für die Familienplanung möglich werden, ist im Augenblick nicht absehbar. Angesichts der großen Probleme,[19] die auf viele Länder der Dritten Welt infolge zu hohen

Bevölkerungswachstums zukommen, wäre die Verfolgung dieses Forschungsziels entwicklungspolitisch wünschenswert und sinnvoll. Die ethischen Fragestellungen, die damit aufgeworfen werden, bedürften einer Diskussion, die hier in ihrer vollen Tiefe nicht geführt werden kann. Einige Aspekte seien dennoch angesprochen:

Da ist zum einen der inhärente Wert eines jeden Menschen und das Gebot, Leben zu schützen. Geht man von Idealvorstellungen aus, in welchen nicht nur die Menschenrechte uneingeschränkt respektiert werden, sondern auch das soziale Wohlergehen aller Mitglieder der menschlichen Gemeinschaft und die Erhaltung der Natur gewährleistet werden kann, so könnte Forschung nach neuen familienplanerischen Mitteln und Methoden und deren Anwendung als zweitrangiges Anliegen erscheinen.

Die Tatsache jedoch, daß wir – in Ländern der Dritten Welt erst recht – weit vom Ideal der 'heilen Welt' entfernt sind, erfordert ein erweitertes Maß an Problembewußtheit und Verantwortung, und zwar für die Lage der Betroffenen. Die Leidtragenden der Armut durch Überbevölkerung, der Ausdünnung ohnehin schon knapper Ressourcen und des Mangels an menschenwürdigen, sicheren und zugänglichen familienplanerischen Mitteln sind nicht nur ungewollte und vernachlässigte Kinder, sondern auch deren Mütter.

Bedenkt man, daß mindestens zwischen 200'000 und 300'000 Frauen pro Jahr an unsachgemäßen Schwangerschaftsabbrüchen und deren Folgen sterben – ein leidvolles Übel, dem wegen seiner gesellschaftlichen Verdrängung nur wenig Aufmerksamkeit geschenkt wird –, so relativieren sich die ethischen Vorbehalte gegenüber kontrazeptiven Mitteln und Methoden.

Angesichts der trostlosen Lebensbedingungen, derentwegen sich Frauen zum Schwangerschaftsabbruch gezwungen sehen, sowie der menschenunwürdigen Umstände, unter denen sich illegale Abtreibungen, besonders in der Dritten Welt, gemeinhin abspielen, ist die abwägende Diskussion ethischer Dilemmata der bessere Weg als sittliche Vorurteile.

Eine menschengerechte und menschenwürdige Bevölkerungspolitik umfaßt jedoch mehr als nur die logistische Verfügbarkeit und Propagierung empfängnisverhütender Mittel. Sie muß zum Ziel haben, die Lebensqualität **aller** Beteiligten zu erhöhen, indem vor allem den Frauen neue und bisher verschlossene Chancen zur Selbstverwirklichung und Interessendurchsetzung eröffnet werden. Damit die sexuelle Verfügbarkeit der Frau und eine rigide patriarchalische Sexualmoral durch familienplanerische Maßnahmen nicht noch zementiert werden, sind folgende soziale Rahmenbedingungen erforderlich:

- soziale Gerechtigkeit zwischen den Geschlechtern;
- **reale Statusverbesserung** der Frau und nicht eine «Integrationsstrategie», die lediglich einer Anpassung der Frau an weiterexistierende partriarchale Verhältnisse dient;
- Übernahme partnerschaftlicher familienplanerischer Verantwortung von **Männern** gleichermaßen wie von Frauen;
- sozialpolitische Budgetprioritäten zugunsten von Müttern und ihren Kleinkindern.

Erst nachdem gesellschaftliche Fortschritte dieser Art gemacht wurden, gewinnt der technische Fortschritt der Schwangerschaftsverhütung an Bedeutung und kann die Gentechnik einen Beitrag leisten – vielleicht sogar einen unverzichtbaren.

Die Praxis

Die Forschungsbemühungen um neue Medikamente und Impfstoffe haben zu konkreten Erfolgen geführt: Gentechnisch hergestellte Medikamente sind seit 1982 auf dem Markt; heute werden mindestens 14 Wirkstoffe dieser Art angeboten. Darüber hinaus gibt es in verschiedenen pharmazeutischen Unternehmen erhebliche Fortschritte in bezug auf gentechnisch hergestellte Impfstoffe gegen Krankheiten wie Bilharziose, Chlamydia und auch Malaria. Auch der in Industrieländern erfolgreich eingeführte Hepatitis-Impfstoff ist für die Dritte Welt von größter Bedeutung.

Angesichts des unendlichen Leids, das in der Dritten Welt durch vermeidbare Krankheiten und vorzeitigen Tod verursacht wird, ist jede gentechnische Verbesserung im kurativen und präventiven Bereich eine willkommene Bereicherung des gesundheitspolitischen Instrumentariums. Die Probleme liegen, wie eingangs aufgezeigt, jedoch nicht hauptsächlich im technischen Bereich. Krankheit und vorzeitiger Tod haben in der Dritten Welt ihre Ursache in der weitverbreiteten absoluten Armut und dem mangelnden politischen Willen, den Gesundheitssektor mit angemessenen Ressourcen auszustatten, damit das heute Mögliche auch tatsächlich getan werden kann.[20]

Dieser Umstand macht es eher unwahrscheinlich, daß gentechnische Durchbrüche, selbst wenn sie – wie oben diskutiert – durch multilaterale Institutionen bezahlt würden und somit den Regierungen in der Dritten Welt kostenlos zur Verfügung stünden, auch tatsächlich der Mehrzahl der kranken Menschen in den armen Schichten zugute kommen. Die einzige Einschränkung zur Gültigkeit dieser Aussage kann vielleicht für Impfstoffe gemacht werden.

Nutzen für die Umwelt

Die in den letzten Jahren deutlicher werdenden Umweltprobleme in vielen Ländern der Dritten Welt verleihen auch den ökologischen Forschungszielen der Gen- und Biotechnologie wachsende Bedeutung. Zu nennen sind hier Möglichkeiten, mit denen die Regenerationsfähigkeit von Ökosystemen erhöht werden könnten, insbesondere der Abbau von Erdölprodukten, Kunststoffen, Giftstoffen, Abfallchemikalien und Müll, sowie eine Reduktion des Verbrauchs von nichterneuerbaren Ressourcen (z.B. durch die verminderte Notwendigkeit von Stickstoffdüngern).

Meines Wissens ist bis heute für den Umweltschutz bzw. die Umweltreparatur durch Gentechnik noch kein Durchbruch erzielt worden. Gentechnische Verfahren, die Umweltbelastungen verringern, Abfallstoffe möglichst schadlos beseitigen und zur Entsorgung von auch in Entwicklungsländern vorhandenen Altlasten beitragen, wären zwar für den ganzen Globus von größter Bedeutung. Nachhaltige Lösungen sind jedoch sinnvollerweise eher durch armutsüberwindende und 'grüne' Entwicklungsstrategien sowie durch Verhaltensänderungen im Sinne einer zukunftsfähigen Entwicklung («*sustainable development*») anzustreben. Prävention ist, zumindest auf lange Frist, billiger und umweltverträglicher als die gen- und biotechnologische Reparatur einer zerstörten Natur.

Deshalb gibt es (langfristig) keine Alternativen zum problemadäquatem Verhalten im Sinne von

- **Vermeidung** von Abfall, z.B. durch Wiederverwertung und verbesserte Produktionsprozesse;
- **Verminderung** von Abfall durch modifizierte Produktionsprozesse, sowie

- **Verzicht** auf Produkte und Produktionsprozesse, die zu Abfällen führen, deren umweltverträgliche Beseitigung nicht möglich ist.

Komplementär zu solchem Verhalten könnten Gentechnik und Biotechnologie zwar auch eine wichtige Rolle für die Dritte Welt spielen; sie sind jedoch kein Ersatz für ökologischen Bewußtseinswandel.

2 Risiken

Jedes Handeln oder Unterlassen bringt ganz spezifische Nutzen mit sich. Der Preis, der dafür zu bezahlen ist, sind Risiken – Risiken, die wir kennen und deren Eintreten wir mit einer bestimmten Wahrscheinlichkeit erwarten, aber auch solche, deren Existenz oder Virulenz wir erst mit der Zeit, oder schlimmstenfalls mit der Erfahrung wahrnehmen. Dementsprechend ist auch der Einsatz der Gen- und Biotechnologie mit Risiken verbunden.

Es ist sinnvoll, eine Unterscheidung zwischen **technikimmanenten** und **techniktranszendenten** Risiken vorzunehmen. Von technikimmanenten Risiken wird gesprochen, wenn technisches Handeln bewußt auf die Verbesserung einer vorgefundenen Situation angelegt ist, jedoch neu auftretende Probleme und unerwünschte 'Nebeneffekte', sei es in der Forschungs- oder Anwendungsphase, nicht vorhersehbar sind. Davon zu unterscheiden sind die techniktranszendenten Gefahren – eine davon ist, daß die mit technischem Handeln beabsichtigten und möglichen Verbesserungen an gegebenen sozialen, wirtschaftlichen oder kulturellen Rahmenbedingungen scheitern.

Technikimmanente Risiken

Die heutige Diskussion über Risiken basiert hauptsächlich auf den folgenden Hypothesen[21]:

- Das Risikopotential eines Lebewesens (Tier, Pflanze, Bakterie), das durch gentechnologische Veränderungen zustandekommt, läßt sich **nicht** einfach aus der Addition der Eigenschaften derjenigen Lebewesen bestimmen, aus deren Gene es entstand, sondern ist, aufgrund der Tatsache, daß Lebewesen mit ihrer jeweiligen Umwelt interagieren können, im Prinzip unkalkulierbar.
- Pathogenitäts-Sprünge gentechnisch veränderter Mikroben sind nicht auszuschließen. Würden diese veränderten Mikroben dann Krankheiten mit sehr langer Inkubationszeit auslösen (in diesem Zusammenhang wird z.B. auf AIDS verwiesen), kann es bei der Entdeckung zu spät sein, um größte Schäden für die Menschheit zu verhindern. Zusätzliches Gewicht wird diesem Argument durch die Annahme verliehen, daß gentechnisch veränderte Mikroben eine höhere Vitalität haben können als unveränderte Artgenossen.

Eine weitere Befürchtung, die auch schon in bezug auf die konventionelle Saatforschung geäußert wurde, ist die Gefährdung der Artenvielfalt und die dadurch bedingte größere Verwundbarkeit durch Krankheiten und Schädlinge.[22] Schließlich werden generelle Risiken der Freisetzung gentechnisch veränderter Lebewesen diskutiert, Risiken, die von einem Teil der Wissenschaft als im Lichte der unterstellten Unberechenbarkeit der Interaktion mit dem Freisetzungs-Biotop als potentiell hoch eingeschätzt werden.

Der überwiegende Teil der NaturwissenschaftlerInnen, zum Beispiel vertreten durch die *National Academy of Sciences* in den USA, zieht aus dem bis heute erfaßten Wissen die Folgerung, daß bei der Anwendung der Gentechnik und dem Transfer von Genen in andere Organismen keine außergewöhnlichen Risiken («*unique risks*») entstünden. Auch die Risiken der Freisetzung von Organismen mit neukombinierter Erbsubstanz seien «*dem Risiko der Freisetzung unveränderter oder auf herkömmliche Art gezüchteter Lebewesen*» vergleichbar.[23] Als Hinweis auf die Richtigkeit dieser Schlußfolgerung kann vielleicht auf die (beabsichtigte und unbeabsichtigte) Einführung von exotischen Nutzpflanzen in völlig andere landwirtschaftliche Umfelder im Laufe der letzten 500 Jahre verwiesen werden (z.B. Kartoffeln aus Peru in Europa, asiatische Mango in Afrika).

Die Beurteilung der Validität der Hypothesen, auf denen die Kritik beruht, ist heute aus naturwissenschaftlicher Perspektive höchst unterschiedlich. Sie reicht von der Einschätzung, die in diesem Zusammenhang zu sehenden Risiken seien sehr gering und mit entsprechenden Sicherheitsmaßnahmen hinreichend kontrollierbar, bis zur Befürchtung, die Risiken seien zwar gering, jedoch größer als Null und somit letztlich nicht vorhersagbar.[24] Die *Enquête-Kommission des deutschen Bundestages* hat zwar darauf hingewiesen, daß im Verlauf der bisherigen unzähligen Experimente keine neuen Risikopotentiale aufgetaucht sind, enthielt sich jedoch einer abschließenden Bewertung mit der Begründung, daß noch keine Erfahrungen über die Auswirkungen des Eindringens gentechnisch veränderten biologischen Materials in die Umwelt vorlägen.[25]

Es ist aus sozialwissenschaftlicher und entwicklungspolitischer Sicht unmöglich, mit Anspruch auf Glaubwürdigkeit die Wertigkeit von Risiko-Annahmen zu beurteilen, die aus naturwissenschaftlichem Fachwissen hervorgehen, zumal es innerhalb naturwissenschaftlicher Fachkreise zwar Mehrheitsmeinungen gibt, aber auch gewichtige Abweichungen dazu. Es muß deshalb auf die bestehende Literatur verwiesen werden.[26] Das in großer Ausdehnung begriffene Gebiet des *risk assessment* und der Risikokommunikation ist ebenfalls bereits mit großer Sorgfalt behandelt worden.[27]

Angesichts der offensichtlich für viele naturwissenschaftliche Experten höchst schwierigen Entscheidungslage und angesichts der meist unzulänglichen legalen und infrastrukturellen Rahmenbedingungen in Entwicklungsländern empfiehlt es sich jedoch auf jeden Fall, eine Verlagerung gen- und biotechnologischer Forschung aus Industrieländern in Länder der Dritten Welt nur selektiv und erst dann in Betracht zu ziehen, wenn bei uns hinreichende Erfahrungen über eventuelle Risiken vorhanden sind. Auf keinen Fall dürfen die in Industrieländern als zu gefährlich deklarierten und deshalb nicht genehmigten Aktivitäten in Entwicklungsländer verlagert werden, auch wenn sie dort – wegen eines fehlenden Gesetzesrahmens oder aus anderen Gründen – durchaus legal wären! Legitim und ethisch vertretbar wäre ein solch unkontrollierter Risikoexport nicht – und auch nicht klug, denn er könnte sich als Bumerang erweisen. Die heutige politische, bildungsmäßige und infrastrukturelle Ausgangslage in den meisten Ländern der Dritten Welt eignet sich nicht als Basis für das anzustrebende Höchstmaß an Sicherheit im Umgang mit der Gentechnik.

Techniktranszendente Risiken

In diesen Bereich fallen nicht die Risiken einer technischen Entwicklung, denen man mit ständiger Präzision und Perfektion zu Leibe rücken kann. Es geht hier um die ebenfalls unbeabsichtigten, zunächst nicht ohne weiteres erkennbaren Nebenwirkungen, Sekundär- und Tertiärfolgen für bestehende soziale, politische, ökonomische und ökologische Rahmenbedingungen, auf die eine noch so präzise Technik keinen Einfluß hat.

Der Biologe Hans Mohr konstatiert folgendes: «*Die uns aus der Evolution der Hominiden überkommene geistige Kraft hat ausgereicht, diese Welt zu verändern; sie scheint aber nicht auszureichen, die geänderte Welt zu verstehen und aus diesem Verstehen heraus eine Überlebensstrategie zu schaffen.*»[28]

Trotz gestiegenem Wissen, potenterer Technologien und erhöhter Ressourcen in allen denkbaren Bereichen wurde der Nord–Süd-Konflikt in den letzten dreißig Jahren nicht entschärft: Zwischen den westeuropäischen, nordamerikanischen und einigen asiatischen Ländern einerseits und der großen Mehrheit der Menschheit in den Entwicklungsländern andererseits besteht ein unvertretbar großer Unterschied in bezug auf politische, wirtschaftliche und persönliche Rechten und Chancen. Das Fortbestehen der sozialen Frage auf globalem Niveau führt tagtäglich zu größtem menschlichen Elend, zu Flüchtlingsströmen, zu Bürgerkriegen und zu Umweltzerstörung. Und dies angesichts der Tatsache, daß eigentlich alle Probleme der Unterentwicklung bei entsprechendem politischen Willen und adäquatem Handeln lösbar wären.

Auch die Umweltprobleme werden insgesamt noch immer eher durch kollektive Beschwichtigungs- und Abwiegelungsstrategien verdrängt als durch Umsetzen des als richtig Erkannten angegangen. So ist die ozonzerstörende Wirkung vieler Treibgase längst erkannt, liegen Satellitenmessungen über das Ozonloch seit 1979 vor – gleichwohl sieht sich selbst ein so reiches Land wie Deutschland nicht in der Lage, sofort zu verbieten, was sofort verboten werden müßte.

Risiken dieser Art werden provoziert durch das «Warten auf Godot» – auf Technologien, die uns unsere heutigen Pflichten aus der Hand nehmen sollen. Das Risiko liegt in der Trägheit und dem unterentwickelten menschlichen Verantwortungsbewußtsein, nicht jedoch in der Gentechnik an sich. Nicht nur auf globaler, auch auf der lokalen Ebene in den Ländern der Dritten Welt sind Vollzugsdefizite die morbide und zynische Realität.

Ob nun das Andauern von Vollzugsdefiziten durch Indifferenz der politisch Verantwortlichen, durch Mangel an Bewußtsein über die fatalen Konsequenzuen des Nicht-Handelns oder durch die naive Hoffnung begründet ist, eine zukünftig verfügbare Technik werde alles zum Besseren wenden – die Problematik ist eine zutiefst menschliche und keine technische.

Ein weiteres Risiko, das die Gentechnologie transzendiert, ist die Verschärfung von Einkommens- und Vermögensungleichheiten durch ihren Einsatz in der Landwirtschaft der Dritten Welt – ebenso die Substituierung tropenlandwirtschaftlicher Produkte durch in Industrieländern gentechnisch hergestelle Äquivalente. Diese entwicklungspolitisch höchst unerwünschten Auswirkungen sind in sozial- und weltwirtschaftspolitischen Strukturproblemen verankert. In der Diskussion um die Risiken der Gentechnik werden jene Befürchtungen immer wieder geäußert, deshalb soll hier vertieft darauf eingegangen werden.

Soziale Risiken aufgrund dualer gesellschaftlicher Rahmenbedingungen

Im ländlichen Raum zu wohnen heißt auch heute noch überwiegend arm, unterbeschäftigt und (im Sinne formaler Bildung) ungebildet zu sein.[29] Wirtschaftliche und soziale Entwicklung, zumindest im Sinne einer Verminderung des Vorkommens absoluter Armut (dem Zustand lebensgefährdender Defizite in der Grundbedürfnisbefriedigung, von dem heute über eine Milliarde Menschen betroffen ist), kann nachhaltig und auf breiter Basis ohne eine adäquate ländliche und landwirtschaftliche Entwicklung nicht stattfinden.

Obwohl Umweltzerstörung, Bevölkerungswachstum und der verbreitete Einsatz unproduktiver Technologien sich in zunehmendem Maße als bedeutende Entwicklungshindernisse im ländlichen Raum manifestieren, sind die schwerwiegendsten Probleme, die insbesondere die kleinbäuerliche Landwirtschaft in der Dritten Welt belasten, politischer und sozialer Natur.

Da ist zum einen das noch immer weit verbreitete Mißverständnis, 'Entwicklung' sei schlechthin 'Industrialisierung', was zur Folge hat, daß der ländlichen und landwirtschaftlichen Entwicklung eine zu niedrige Priorität gegeben wird und deshalb bei der Ressourcenzuteilung vernachlässigt wird.

Vernachlässigung einer adäquaten Bauernberatung, unzureichende Versorgung mit wichtigen Inputs (Saat, Dünger, Pflanzenschutz, landwirtschaftliche Geräte und Maschinen) und eine falsche Preispolitik für landwirtschaftliche Güter sind die destruktivsten Konsequenzen. Diese Defizite verhindern eine nachhaltige und sozial ausgewogene ländliche Entwicklung. Zum anderen sind es diskriminierende Zugangsmöglichkeiten zu Krediten und das Versagen der Politik, ungerechte Landbesitzverhältnisse abzuschaffen bzw. illegitime – da ausbeuterische – Pachtbedingungen zu verändern (dies gilt weniger in Afrika südlich der Sahara, aber für viele asiatische und lateinamerikanische Länder). Hinzu kommen von Land zu Land verschiedene andere Faktoren.

Der Einsatz gentechnisch veränderter, hochproduktiver Saatsorten kann ohne Zweifel wesentliche Impulse für die landwirtschaftliche Entwicklung geben, aber die Frage, wer in welchem Ausmaß davon profitiert, wird entscheidend durch die sozialen und politischen Ausgangsbedingungen beantwortet.

Wo Landbesitzstrukturen, Pachtsysteme, Zugangsmöglichkeiten zu Beratung, Kredit und Vermarktung sowie zu notwendigen Inputs einen zahlenmäßig sehr kleinen Teil der Gesellschaft begünstigen und den anderen benachteiligen, kann gen- und biotechnologischer Fortschritt nicht verteilungsneutral sein. So kann z.B. die Entwicklung von krankheitsresistenten Cassava-Sorten, proteinreicheren Hirsesorten oder schädlings- und streßtoleranten Reissorten nur dann zu höherer Ernährungssicherheit und größerem sowie gleichmäßiger verteiltem Wohlstand beitragen, wenn die große Masse der Kleinbauern Zugang zu ihnen hat.

Auch Gentechnik und Biotechnologie können letztlich entwicklungspolitisch nur so gut sein wie der soziale Boden, auf dem sie genutzt werden. Jeder technische Fortschritt und somit auch der gentechnische kann nur denjenigen Vorteile bringen, die ihn kennen und anwenden können. Zugangsbeschränkungen jeglicher Art (Bildung, Ressourcen, Macht) haben gewöhnlich eine Verschärfung der Einkommensunterschiede zur Folge. Dies gilt besonders dann, wenn es sich um sehr potente Technologien handelt. Werden keine Reformen und flankierenden Maßnahmen eingeleitet, die auch den mittleren und unteren Schichten sowie den Frauen einen schrittweisen Zugang ermöglichen, dann wirken technische Innovationen dem entwicklungspolitischen Ziel des Abbaus von Ungleichheiten entgegen.

Wirtschaftliche Risiken aufgrund weltwirtschaftlicher Aspekte

Mit den Möglichkeiten der Gen- und Biotechnologie wird es prinzipiell möglich, Güter, die bisher nur in der tropischen Landwirtschaft erzeugt werden konnten, im Labor oder in der Landwirtschaft von Ländern mit gemäßigtem Klima herzustellen. Hieraus resultieren Befürchtungen über einen möglichen Verdrängungswettbewerb bei tropischen Agrarprodukten. So wird z.B. darauf hingewiesen, daß die Herstellung des Vanille-Geschmacks im Labor oder in «Farmfabriken»[30] durch biotechnologische Techniken allein in Madagaskar für 70'000 Kleinbauern existenzbedrohende Auswirkungen hätte.[31] Ähnliche Befürchtungen, jedoch mit erheblich schlimmeren wirtschaftlichen Auswirkungen, werden für Kakao genannt: Durch gentechnisch verbesserte Kakaosorten wird nicht nur eine höhere Produktion und somit ein Preisverfall befürchtet, sondern auch eine anbaustrukturelle Verschiebung von der kleinbäuerlichen Produktion zur Plantagenwirtschaft und regional von bitterarmen westafrikanischen Staaten in asiatische Schwellenländer.[32] Vergleichbares gilt für Pflanzenöle. Des weiteren könnten Länder wie z.B. Kuba oder Mauritius, die einen wesentlichen Anteil ihrer Exporterlöse mit Rohrzucker erwirtschaften, in größte Bedrängnis geraten, wenn die industrielle Erzeugung des (kalorienarmen) Süßstoff-Proteins Thaumatin (oder ähnlicher Stoffe) auf breiter Basis eine Substitution von Zucker auf Rohrzuckerbasis zur Folge hätte.[33]

Die mögliche Substitution tropischer Agrarprodukte durch gentechnisch hergestellte Laborprodukte muß auf auf zwei Ebenen diskutiert werden:

Aus ganzheitlicher politischer Sicht kann eine Unabhängigkeit des Nordens von den landwirtschaftlichen Rohstoffen des Südens nicht sinnvoll sein. Es wäre entwicklungspolitisch in höchstem Maße unerwünscht, armen Ländern durch eine Substitution ihrer einzigen Exportgüter zusätzliche Verschlechterungen der *terms of trade* zu bereiten, denn sie sind ohnehin im internationalen Wettbewerb mit strukturellen Schwächen belastet und haben unter anderem deshalb mit immensen Verschuldungsproblemen zu kämpfen. Es kann längerfristig für die Zukunft aller Bewohner unseres Planeten nicht günstig sein, wenn es einem zahlenmäßig relativ geringen Teil der Bevölkerung stetig besser geht, während die große Mehrzahl der Menschen, die ohnehin auf vergleichsweise niedrigerem Niveau lebt, Einkommensstagnation oder gar Rückschläge hinnehmen muß.

Aus wirtschaftlicher Perspektive ist jedoch zu erwarten, daß sich superiore Güter auf Märkten durchsetzen. So ist beispielsweise der Preis von Kupfer durch die Stromleit-Eigenschaft des Metalls determiniert. Kann Strom billiger und besser z.B. durch Glas- oder Kohlefasern transportiert werden, dann wird mit der Zeit kein Kupfer mehr für diesen Zweck verwendet – mit entsprechenden Konsequenzen für die Nachfrage und somit den Preis. Diese Substitution findet auch dann statt, wenn als Folge des Preisverfalls in Ländern wie Zambia oder Chile Massenarbeitslosigkeit mit allen bedauerlichen menschlichen Notsituationen auftritt. Mit der gleichen Marktlogik ist zu erwarten, daß dann, wenn «Labor-Vanillin» oder «Labor-Zucker» billiger sein sollten oder sonstige, z.B. gesundheitliche Vorteile gegenüber den bisher aus den Tropen importierten Produkten hätten, eine Substitution stattfindet. Meiner Ansicht nach wäre längerfristig – selbst bei erheblichen und letztlich nicht wünschbaren staatlichen Interventionen gegen den Markt – eine solche Substitution nicht zu verhindern.

Die entwicklungspolitische Lösung der Substitutionsproblematik liegt deshalb bei international unterstützten Bemühungen zur Diversifikation der Produktionsstruktur solch verwundbarer Länder und nicht bei Interventionen gegen den Markt.

Eine umfassende Risiko–Nutzen-Analyse der Substitution tropenlandwirtschaftlicher Exportgüter müßte sinnvollerweise auch die alternative Nutzung der freiwerdenden landwirtschaftlichen Produktionsflächen für die Erhöhung der lokalen Nahrungsmittelproduktion einbeziehen.

Ein weiterer Kritikpunkt, der in diesem Zusammenhang von Bedeutung ist, hat mit der Verfügungsgewalt über die genetischen Ressourcen der Dritten Welt zu tun:

KritikerInnen befürchten, daß z.B. multinationale Unternehmen, aber auch staatliche Forschungsinstitute, sich (quasi kostenlos) der Gene von in der Dritten Welt heimischen Pflanzen bemächtigen und zur Entwicklung und Produktion verbesserter Ersatzpflanzen benutzen, die dann zu hohen Preisen an die Dritte Welt zurückverkauft werden.

Lösungsansätze liegen hier in dringend zu entwickelnden Regelungen, die einerseits zwar den Zugang zum genetischen Erbe der Dritten Welt offen halten, andererseits jedoch die Menschen in den betroffenen Ländern, die mit ihrer jahrzehntelangen Selektionsarbeit wichtige Vorleistungen erbracht haben, in angemessener Weise von den kommerziellen Ergebnissen des Gen-Exportes profitieren lassen. Die *Weltbank* arbeitet zur Zeit an praktikablen Vorschlägen, das Genmaterial aus der Dritten Welt vermehrt so zu nutzen, daß die Bevölkerung in den betroffenen Entwicklungsländern in fairer Weise profitiert.

Schließlich werden von entwicklungspolitischen Aktionsgruppen Befürchtungen geäußert, daß die Patentierung von genetisch verbessertem Saatgut Monopole (und daraus folgend Monopolpreise) schaffen könnte, die für Kleinbauern in der Dritten Welt den Zugang verhindern oder zumindest – im Vergleich zum heutigen Hochleistungssaatgut – erschweren.[34]

Ich habe nicht die erforderliche Kompetenz, um auf die an sich notwendige philosophische Dimension der Diskussion um die Patentierung von Lebensformen einzugehen.

Auch die entwicklungspolitisch zentrale Frage, wie mit in der Natur vorkommendem Erbgut umgegangen werden sollte, kann hier nur andiskutiert werden: Angenommen, ein multinationales Saatunternehmen entdeckte eine gegen spezifische Pflanzenkrankheiten resistente Eigenschaft in einer äthiopischen Gerstesorte, übertrüge den Träger des entsprechenden Erbgutes in eine Weizensorte, die dann wiederum in Äthiopien kommerzialisiert würde. Es leuchtet ein, daß hier die Landwirtschaft Äthiopiens etwas wesentliches eingebracht hat – aber dieses «Etwas» wäre ohne die Forschungs- und Entwicklungsarbeit jenes Unternehmens außerhalb Äthiopiens und in anderen Nahrungsmittelkulturen als in der Gerste nicht nutzbar. Auf welche Weise könnten die beiderseitigen Ansprüche auf Kompensation für die gentechnische Arbeit des Unternehmens einerseits und für die Vorleistung der äthiopischen Landwirtschaft andererseits fair geregelt werden? Wenn auch eine Entschädigungssumme hier nicht pauschal vorgeschlagen werden kann, so ist doch folgendes in der Rechnung zu berücksichtigen: Wenn die Misere der rohstoffexportierenden Länder der Dritten Welt je beendet werden soll, müssen sie einen entsprechenden Anteil des Mehrwerts erhalten, der aufgrund ihrer Ressourcen geschaffen werden kann.

Allein die Diskussion des rechtlichen Sachverhalts bereitet heute Schwierigkeiten, zumal große Unterschiede in den Rechtsauffassungen zwischen wichtigen Ländern (z.B. USA und Großbritannien) bestehen und eine Reihe bedeutender Fragen noch nicht geklärt sind, so z.B. der Umfang des patentrechtlichen Schutzes von Organismen, die durch gentechnische und biotechnologische Verfahren verändert wurden.

Sinn und Zweck von Patenten liegen darin, dem Innovator einen zeitlich befristeten Schutz vor Nachahmung seiner Erfindung zu geben. Das durch Patentierung gewährte temporäre Exklusivnutzungsrecht soll den Inhaber für seine Investitionen in Forschung und Entwicklung entschädigen. Die Investitionen der führenden Unternehmen in die gezielte Veränderung von Pflanzengenen sind hoch: Sie belaufen sich heute auf etwa zehn bis fünfzehn Millionen US Dollar pro Jahr. Die weltweiten Ausgaben aller multinationalen Unternehmen und Forschungsinstitute zu diesem Zweck lagen nach Angaben des Beratungsunternehmens *L. W. Teweles* 1989 bei 245 Mio US Dollar. In der Notwendigkeit, die in Forschung und Entwicklung investierten Mittel über den Verkauf von Produkten zurückzuerhalten, liegt der Grund, daß sich der überwiegende Teil der privat finanzierten Forschung auf Kulturen beschränkt, die lukrative Absatzmärkte in Industrieländern versprechen. Dieser Nutzen für den Erfinder ist jedoch im Normalfall kein Schaden für den Käufer des patentierten Gutes, Patentschutz ist kein 'Nullsummenspiel':

Da das patentierte Gut in Konkurrenz mit anderen vergleichbaren Gütern steht, kann die Preisgestaltung lediglich die durch den Markt meßbare Überlegenheit des Produktes berücksichtigen – «Mondpreise» lassen sich nicht durchsetzen. In der Praxis gehen zwei Drittel bis drei Viertel des durch die Innovation möglich gewordenen Mehrwertes an den anbauenden Landwirt und der geringere Rest an den Verkäufer.[35] Für die Dritte Welt steht zu erwarten, daß dort, wo teures, patentiertes Saatgut mit traditionellen, äußerst preisgünstigen lokalen Sorten konkurriert, geringe kommerzielle Erfolge zu erwarten sind. Neues Saatgut müßte erhebliche und für die Kleinbauern deutlich wahrnehmbare wirtschaftliche Vorteile haben, sonst werden sie nicht übernommen. Kleinbauern sind in der Regel *Risiko-Minimierer* und nicht, wie Großbauern, *Output-Maximierer.*

Ohnehin läuft der durch Patente gewährte Schutz meist nach ca. zwanzig Jahren ab. Die bei der Patentanmeldung volle und offengelegte Beschreibung der Materie macht die Innovation für die Öffentlichkeit einsehbar – und damit nachahmbar. Jedoch schon vorher kann Patentschutz nur genossen werden, wo seine Einhaltung und Kontrolle möglich ist – und das ist nach meiner Erfahrung in den ländlichen Gebieten der Dritten Welt nicht möglich. Wenn es sich nicht um moderne Großfarmen handelt, die ohnehin mit anderem Saatgut und nach anderen wirtschaftlichen Kriterien arbeiten als Kleinbauern, ist es im Normalfall so, daß die jeweiligen Landwirte aus ihrer Ernte ihr eigenes Saatgut für die neue Anbausaison abzweigen. Es wäre völlig unrealistisch, dies bei gentechnisch verändertem Saatgut mit juristischen Mitteln verhindern zu wollen. Es ist eher zu vermuten, daß die Verkäufer dies stillschweigend in Kauf nehmen und a priori in den Preis einkalkulieren.

Sollte jedoch gentechnisch verändertes, patentiertes Saatgut in spezifischen und für die Dritte Welt besonders wichtigen Kulturen eine so große und nachhaltige Überlegenheit gegenüber traditionellem Saatgut haben, daß aus entwicklungspolitischer Sicht sein Einsatz auf breiter Basis empfohlen wird, und sollte dies aus Preisgründen zu scheitern drohen, dann wird – wie bei Impfstoffen oder Arzneimitteln – der Kauf von Lizenzen zu präferentiellen Bedingungen oder die kostenlose Überlassung im Rahmen der Entwicklungszusammenarbeit erforderlich.

Anmerkungen

1 Vgl. Leisinger K.M.: Ländliche Entwicklung und Pflanzenschutz in der Dritten Welt. IVA, Frankfurt 1989, S. 34.

2 Vgl. Walgate R.: Miracle or Menace? Biotechnology and the Third World. Panos-Institute, London 1990, S. 62–66.

Ebenso Robertson A.I./Sakina K.E.: A Slice of Reality from Africa. In: TIBTECH, Vol. 7, Jan. 1989, S. 14 f.

3 Vgl. Messerli B.: Die natürlichen Ressourcen – Grundlagen des Lebens und Überlebens in der Dritten Welt. In: Haselbach E./ Lampel G./Meyer D./Sprumont P. (Hrsg.): Dritte Welt und Naturwissenschaften. Fribourg 1990, S. 17–52.

4 Vgl. Presse- und Informationsdienst zur Entwicklungszusammenarbeit mit der Dritten Welt (epi), Nr. 11, 1990, S. 17.

Siehe dazu auch Neue H.U.: Entwicklung umweltfreundlicher Reissorten. In: E+Z Entwicklung und Zusammenarbeit, Nr. 10, 1990, S. 20 f.

5 Siehe dazu Yilma T. et al.: Protection of Cattle Against Rinderpest With Infectious Vaccinia Virus Recombinants Expressing the HA or F Gene. In: Science, Vol. 242, 1988, S. 1058. Prof. Yilma, der für seine Arbeit den CIBA-GEIGY Tiergesundheits-Preis erhielt, geht davon aus, daß entsprechende Impfungen jährlich das Leben von 2 Millionen Rindern retten könnte.

6 Viele Informationen deuten darauf hin, daß die Volksrepublik China hier nicht nur erhebliche Forschungsressourcen einsetzt, sondern auch Resultate erzielt hat.

7 Siehe Ma Yuanling: Modern Plant Biotechnology and Structure of Rural Employment in China. ILO, Genf 1989.

8 Mureithi L.P./Makau B.F.: Biotechnology and Farm Size in Kenya. ILO, Genf 1989.

9 Eastmond A./Robert M.: Advanced Plant Biotechnology in Mexico: A Hope for the Neglected? ILO, Genf 1989.

10 Siehe Ahmed I.: The Bio-Revolution: Key to Poverty Alleviation in the Third World? In: International Labour Review, Vol. 127, No. 1, 1988, S. 63 f.

11 Lee H.H./Tank F.E.: The Socio-Economic Impact of Agricultural Biotechnology on Less Developed Countries. ILO 1989.

12 Siehe dazu Sasson A.: Biotechnologies to Match the Needs of Developing Countries: Achievements, Prospects and Implications. UNESCO, Paris 1990, S. 23 f. Ebenfalls: Biotechnologie in der Pflanzenzüchtung und Pflanzenernährung zum Nutzen der Dritten Welt. DSE (Hrsg.), Feldafing 1989, S. 103–133.

13 Vgl. Robertson A.I./Sakina K.E., op. cit. S. 14.

14 Ebenda; sowie Umbeck P. et al.: Genetically Transformed Cotton (gossypium hirsutum l.) Plants. In: BIO/TECHNOLOGY, Vol. 5, March 1987, S. 263–266.

15 Siehe Leisinger K.M.: Hoffnung als Prinzip. Analysen und Thesen zum Bevölkerungswachstum. UNICEF, Zürich 1989; ebenso Ehrlich P.R., Ehrlich A.H.: The Population Explosion. Simon and Schuster, New York 1990.

16 Swift J.: Gullivers Reisen. Insel, Frankfurt 1974, S. 191 f.

17 Vgl. z.B. die Artikelserie der New York Times vom 9. bis 20.9.1990.

18 Vgl. z.B. Bossert F.W.: Die privaten und sozialen Kosten der Chagas-Krankheit. ILE, Rüegger, St. Gallen 1987.

19 Siehe Leisinger K.M.: Hoffnung als Prinzip. Op. cit. Ebenso UNFPA: Bevölkerungsbericht 1991, Bonn 1991.

20 Vgl. Leisinger K.M.: Health Policy for Least Developed Countries. Social Strategies, Vol. 16, Basel 1985.

21 Vgl. z.B.: Koechlin F.: Gentechnische Gefahren und Risikodiskussion. In: Basler Magazin, No. 45, 10.11.90, S. 15.

22 Siehe Seeds: Breeding Extinction. In: International Agricultural Development. Nov./Dec. 1990, S. 16–24.

Ebenso Shiva V.: Biodiversity, Biotechnology and Profit. The Need for a Peoples' Plan to Protect Biological Diversity. In: The Ecologist, Vol. 20, No. 2. March/April 1990.

23 National Academy of Science, Committee on the Introduction of Genetically Engineered Organisms Into the Environment: Introduction of Recombinant DNA-Engineered Organisms Into the Environment. Key Issues. National Academy Press, Washington D.C. 1987, S. 12 f.

24 Vgl. Brill W.J.: Safety Concerns and Genetic Engeneering in Agriculture. In: Science, No. 227, 1985, S. 381. Ebenso: Catenhusen W.-M./Neumeister H. (Hrsg.): Enquête-Kommission des Deutschen Bundestages – Chancen und Risiken der Gentechnologie. Schweitzer, München 1987.

25 Siehe Catenhusen W.-M./Neumeister H., op. cit., S. 215 f.

26 Siehe für diese Diskussion: Catenhusen W.-M./Neumeister H., op. cit. Ebenso Tiedje, J.M. et al.: The Planned Introduction of Genetically Engineered Organisms. Ecological Considerations and Recommendations. In: Ecology, Vol. 70, No. 2, S. 298–315; National Academy of Sciences: Field Testing Genetically Modified Organisms: Framework for Decisions. National Academy Press, Washington D.C. 1989; Thurau, M.: Gentechnik – Wer kontrolliert die Industrie? Fischer, Frankfurt 1989.

27 Siehe Covello V.T. et al.: The Analysis of Actual Versus Perceived Risks, Plenum Press, New York 1983. Ebenso ders.: Risk Communication: A Review of Literature. In: Risk Abstracts, Vol. 3, No. 4, Oct. 1986, S. 171–182; Nowotny H./Eisikovik P.: Entstehung, Wahrnehmung und Umgang mit Risiken. In: Schweizerischer Wissenschaftsrat (Hrsg.): Forschungspolitische Früherkennung. Bern 1990, und die dort angegebene Literatur, S. 62–70.

28 Mohr H.: Biologische Erkenntnis, Stuttgart 1981.

29 Siehe Glewwe P.: Improving Data on Poverty in The Third World. WorldBank Working Papers. WPS 416, May 1990.

30 Siehe New Scientist, January 5, 1991, S. 24.

31 Vgl. Wambui K.: New Threat to Cash Crops. In: Sunday Times, Nairobi, 20.11.89, S. 11.

32 Siehe Zweifel H.: Gentechnologie gegen den Hunger? In: Der Staatsbürger, Nr. 5, 1990, S. 22–25.

33 Vgl. Sasson A.: Biotechnologies and Development. UNESCO, Paris 1988, S. 269–276. Ebenfalls Jacobsson S./Jamison A./Rothman H. (Hrsg.): The Biotechnological Challenge. Cambridge 1986, S. 96 f; Hobbelink H.: Bio-Industrie gegen die Hungernden. rororo, Reinbek 1989, S. 46 f.

34 Vgl. I3W Entwicklungspolitischer Dokumentations- und Pressedienst: Dokument No. 5, 28.11.89. Ebenfalls Hobbelink H.: Bio-Industrie gegen die Hungernden. Op.cit. S. 74–83.

35 Siehe dazu Barton H.J.: Patentiertes Leben. In: Spektrum der Wissenschaft, Mai 1991, S. 75.

III Nutzen–Risiko-Abwägung von Gen- und Biotechnologie für die Dritte Welt

1 Zur Abwägung von Nutzen und Risiken

Nicht jeder wissenschaftlich–technische Fortschritt ist an sich schon ein Fortschritt für die Menschen hier oder in der Dritten Welt. Nicht alles Neue ist dem Althergebrachten überlegen. Erst eine detaillierte und differenzierte Analyse der konkreten Risiken und Nutzen in einer spezifischen gesellschaftlichen Realität macht sinnvolle bewertende Aussagen möglich. Die individuelle oder gesellschaftliche Zumutbarkeit von Risiken kann nur im Vergleich mit dem angestrebten Nutzen beurteilt werden.

Die Validität einer jeden Nutzen–Risiko-Abwägung hängt maßgeblich davon ab, daß keine relevanten Fragen ausgelassen werden. Die rein naturwissenschaftliche analytische Vernunft – noch immer das primäre Denken im Zusammenhang mit der Gentechnik – muß deshalb ganzheitlich und unter Einschluß der Konsequenzen für Mitwelt und Nachwelt hinterfragt werden. Naturwissenschaftliches Sachwissen ist – unabhängig vom Wertewandel in einer Gesellschaft – noch kein ganzheitliches Sinnwissen. Begreift man Intelligenz als eine «moralische Kategorie»[1] und unterstellt man die Pflicht zum verantwortungsethischen Verhalten im Sinne Max Webers[2] bei all denjenigen, deren Handeln oder Unterlassen Konsequenzen für andere Menschen hat, so wird ein Nachdenken über die jeweiligen wissenschaftlichen oder technischen 'Gartenzäune' hinaus unerläßlich.

Erkenntnisgewinn bleibt die Aufgabe von Spezialisten einzelner wissenschaftlicher Disziplinen. Wir verfügen zur Zeit über keinen anderen akzeptierten Erkenntnismodus als den wissenschaftlichen. Jedoch schon die Einordnung der gewonnenen Erkenntnisse in ein größeres Ganzes erfordert **interdisziplinäres Arbeiten verschiedener Wissenschaftler**. Die gesellschaftliche Bewertung der so gewonnenen und abgewogenen Erkenntnisse ist ein noch viel breiterer Prozeß, in den auch Laien einzubeziehen sind. Das Wertesystem, nach dem dies zu geschehen hat, liegt nicht auf der Ebene der Wissenschaft, wird aber durch die Erfahrungen mit der Wissenschaft und ihren Folgen laufend verändert und neu bestimmt.[3]

Jede Abwägung von Nutzen und Risiken eines bestimmten Handelns ist ein (individueller oder gesellschaftlicher) Prozeß, der in hohem Maße von Werturteilen und Lebensphilosophien beeinflußt ist. Das führt dazu, daß ein und dieselben Fakten von verschiedenen Individuen, Parteien oder Interessengruppen völlig unterschiedlich bewertet werden.

Mehrheiten sind – wie bei jedem anderen gesellschaftspolitisch relevanten Sachverhalt auch – zwar erreichbar, nicht aber Allgemeinverbindlichkeit oder gar hundertprozentiger Konsens.

2 Bewertungen aus entwicklungssoziologischer Sicht

Die Möglichkeiten der Gentechnik und Biotechnologie, zur Lösung der Probleme in der Dritten Welt beizutragen, sind vielfältig, hauptsächlich im landwirtschaftlichen Bereich. Das Nutzenpotential, das in neuen Saatsorten liegt, die den spezifischen Gegebenheiten problemhafter Regionen angepaßt sind, ist enorm. Das gleiche gilt auch für Impfstoffe gegen infektiöse Armutskrankheiten.

Die bereits angesprochenen technikimmanenten Risiken sind ernst zu nehmen und ausführlich zu diskutieren. Hier müssen jedoch Naturwissenschaftler die Diskussion weiterentwickeln und das Resultat in allgemein verständlicher Form in die Gesamtdiskussion einbringen. Aus sozialwissenschaftlicher Sicht allein kann zu solchen Fragen nicht kompetent und glaubwürdig Stellung bezogen werden.

Was die techniktranszendenten, entwicklungspolitischen Risiken angeht, so sind sie in ungünstigen sozio-ökonomischen und institutionellen Rahmenbedingungen begründet, die sich einer menschenwürdigen sozialen und wirtschaftlichen Entwicklung für die Mehrheit der Menschen im ländlichen Raum entgegenstellen.[4] Diese Rahmenbedingungen sind jedoch durch entsprechende Reformen veränderbar, worauf bereits eingegangen wurde.

An der Frage, wie man auf angemessene Weise vom aus politischer und sozialer Sicht unbefriedigenden Ist-Zustand zum erwünschten Soll-Zustand der sozio-ökonomischen Rahmenbedingungen kommt, zerbrechen sich seit vielen Jahren zahlreiche Wissenschaftler unterschiedlicher Disziplinen den Kopf. Die Umsetzung des abstrakt als richtig Erkannten ins personal und politisch Konkrete und die Nutzung von Theorien des sozialen Wandels zur Schaffung veränderter politischer Realitäten scheiterten bisher meist am institutionalisierten Eigeninteresse der politischen Machthaber. Für politische Probleme wird es jedoch auch in Zukunft keine technischen Lösungen geben.

Die in diesem Zusammenhang zu stellende Frage, ob die durch die Einführung einer potenten Technologie hervorgerufene relative Verschiebung in der Einkommensverteilung, unabhängig vom Einkommensniveau, ein entwicklungspolitisches Negativum oder unter Umständen als Preis für die absolute Verbesserung der Lebensumstände der unteren Schichten akzeptabel ist, ist letztlich nur durch Werturteile und nicht durch wissenschaftliche Analysen zu beantworten. Durch die *Grüne Revolution*, das steht heute fest, **sind die Reichen zwar meist reicher geworden, die Armen aber gleichzeitig auch weniger arm.**[5]

Aus der Forschung über die Annahme und Verbreitung von Innovationen (Adoptions- und Diffusionsforschung) ist bekannt, daß zwischen dem Aufmerksamwerden auf eine Neuerung, dem aufkeimenden Interesse, der Bewertung der Vor- und Nachteile in einer Versuchsphase bis hin zur vollen Übernahme der Innovation und zur fortlaufenden Anwendung eine individuell unterschiedlich lange Zeit vergeht.[6] Menschen mit besserer Ausbildung und höherem Einkommen (d.h. einer aufgrund des finanziellen Polsters höheren Risikofähigkeit), jene mit häufigeren Außenkontakten und regelmäßiger Benutzung der Massenmedien übernehmen Innovationen früher als jene, deren Lebensumstände durch Mangel an formaler Bildung,

Armut und Isolation geprägt sind. Wer in Lebensumstände geboren wird, in denen zwischen leidlichem Auskommen auf niedrigem Niveau und sozialer Katastrophe mit lebenslanger Verschuldung nur ein einziger Ernteausfall liegt, verhält sich – logischerweise – risikominimierend. Solche Menschen warten meist so lange ab, bis sie ein ausreichendes Maß an positiven Erfahrungen wahrnehmen.

Geschähe dies auch durch die Anwendung der Gen- und Biotechnologie in der Dritten Welt, so wäre das aus meiner Perspektive und aufgrund meiner Werturteile entwicklungspolitisch das kleinere Übel als ein Zustand, in der ohne Innovation zwar die ohnehin schon reichen Schichten nicht vermehrt profitieren würden – die Armen jedoch auf Dauer in absoluter Armut verharren müßten. So ein Fortschritt mag, wenn man das wichtige Entwicklungsziel des Abbaus sozialer Ungleichheiten ernst nimmt, nicht ganz zufriedenstellend sein. Aber, wie Gollwitzer feststellt, ist es ein Fortschritt, der nur von denen «*(...) gering geschätzt, pessimistisch herabgesetzt wird (...), die ihn behaglich genießen: Kulturpessimisten an gedeckter Tafel*»[7].

Es ist heute hinreichend bekannt, welcher flankierender Maßnahmen es bedarf, um die Adoption und Diffusion von Innovationen (Ideen, Produkte, Techniken, Verhaltensweisen) zu beschleunigen.[8] Es ist erwiesen, daß Adoption und Diffussion von Neuerungen überwiegend ein Ergebnis sozialer Kommunikationsstrukturen sind. Mit entsprechenden, maßgeschneiderten Kommunikationsprogrammen ist es möglich, daß technologische Innovationen auf breiter Basis die Produktivität und die Einkommen im ländlichen Raum erhöhen.[9]

Ob durch relative Verschiebungen in der Einkommensverteilung unerwünschte politische Machtverhältnisse fester zementiert werden, oder ob auf höherem absolutem Einkommensniveau politischer Druck 'von unten' in Gang kommt, wäre in jedem konkreten Fall neu abzuklären. Es ist zumindest theoretisch zu erwarten, daß dort, wo eine wachsende Anzahl von Menschen nicht mehr zu hundert Prozent durch den täglichen Überlebenskampf absorbiert wird, Kräfte für das Einleiten von sozialem Wandel frei werden.

Unabhängig davon ist ein anderer Sachverhalt zu sehen: Wenn für die Zukunft eine weitere Verschlechterung in der Nord–Süd-Einkommensverteilung vermieden oder gar das internationale Wohlstandsgefälle verringert werden soll, darf die Dritte Welt nicht vom technischen Fortschritt abgekoppelt werden. Es wird schon schwer genug sein, mit herkömmlichen Technologien quantitatives Wirtschaftswachstum in einem Ausmaß zu erreichen, das für die Mehrheit der Menschen einen höheren Lebensstandard ermöglicht. Qualitatives Wachstum ist ohne veränderte Technologien nicht vorstellbar. Deshalb muß jeder technische Fortschritt auf seine Tauglichkeit für Verbesserungen in der Dritten Welt überprüft und mit optimalen gesellschaftlichen und politischen Rahmenprogrammen sozial verträglich implementiert werden.

Wenn die heute in der gen- und biotechnologischen Forschung erprobten Methoden erst einmal ausgereift sind und das prinzipielle Know-how zum Allgemeinwissen der in diesen Fachbereichen tätigen Wissenschaftler gehört, dann lassen sich die heute in den Industrieländern für deren Problemlösungen verwendeten Methoden und Erkenntnisse ohne großen Aufwand auf typische Dritte-Welt-Problemlösungen übertragen – Lösungen, die nicht nur für die privatwirtschaftliche, sondern auch für die nationale und internationale öffentliche Forschung zugänglich werden.[10]

Obwohl angesichts der gesellschaftlichen Verhältnisse in vielen Ländern der Dritten Welt wenig Optimismus über die Wahrscheinlichkeit angebracht ist, daß längst fällige und als entwicklungskonform anerkannte politische und soziale Reformen (mit oder ohne Gentechnik) bald durchgeführt werden, darf der heute verbreitete Zustand nicht dazu führen, daß die Dritte Welt als Ganzes von dieser Art des technischen Fortschritts ausgeschlossen bleibt. Das würde den Süden nicht nur zur andauernden technologischen Zweitklassigkeit verurteilen, sondern den verantwortungstragenden Menschen in den betreffenden Ländern auch die Fähigkeit zum Wandel absprechen – ein Wandel, der so schnell und so tiefgreifend sein könnte, wie derjenige der letzten achtzehn Monate in den Ländern Osteuropas.

Der durch die Gentechnik auslösbare Mehrwert kann, bei entsprechenden sozialen Rahmenbedingungen und vorgelagerten politischen Reformen, eine nachhaltige landwirtschaftliche und ländliche Entwicklung ermöglichen, die zu weniger Armut, höherer Lebensqualität und größeren Zukunftschancen für die Mehrheit der Menschen im ländlichen Raum führt.

Diese Darlegungen, so schlüssig sie aus meiner Sicht der Dinge erscheinen mögen, werden nicht für alle, die sich mit dem Sachverhalt 'Gentechnik und Dritte Welt' beschäftigen, akzeptabel sein. Der Grund liegt in einem Bündel von Faktoren, die die gesellschaftliche Nutzen–Risiko-Abwägung in Industrieländern beinflussen.

3 Determinanten der gesellschaftlichen Bewertung von Risiken

Weder Risiken noch Nutzen werden von allen Menschen gleich empfunden. Unsere Risikowahrnehmung wird durch persönliche Werturteile und Befindlichkeiten, Erfahrungen sowie durch unser Wissen um spezifische Gefährdungen auf sehr komplexe Art und Weise beeinflußt und beruht zum Teil auf Mutmaßungen.[11] Zwischen unseren subjektiven Wahrnehmungen von Risiken und dem wissenschaftlich Meßbaren besteht oft ein großer Unterschied.

Die Bevorzugung des Außergewöhnlichen in der Themenwahl der Medien hat Einfluß auf die individuelle Wahrnehmung eines Risikos. Informationen und Berichterstattung über das Überraschende und das Unerwartete haben einen größeren Aufmerksamkeitswert als Nachrichten über Sachverhalte, deren Eintreffen man ohnehin erwartet hat; spektakuläre Schreckensmeldungen verängstigen oft unproportional zum wahren Gewicht des betreffenden Risikos. Die Tatsache, daß ein Großteil der Risikodebatte aus politischen Konflikten entstanden ist (z.B. Kernenergie), hat ebenfalls Einfluß auf deren Tenor und Procedere. Oft halten Expertisen und Gegenexpertisen die Entscheidung in der Schwebe.[12]

Wenn sich aber schon Wissenschaftler nicht einigen können, wie sollen dann Laien ein Risiko anders als individuell und subjektiv wahrnehmen?

Messen und somit quantifizieren kann man objektiv – die Bewertung des Gemessenen, das Gewicht, das der individuelle Beobachter dem quantifizierten Risiko beimißt, ist jedoch immer subjektiv. Das gilt nicht nur für Laien, sondern auch für Wissenschaftler.[13] Das Akzeptanzproblem eines spezifischen Risikos liegt deshalb nicht unbedingt darin, daß ein wissenschaftliches Gutachten korrekter oder begründeter ist als ein anderes oder als die Risikobeurteilung aufgrund des «gesunden Menschenverstandes» eines Laien. Auch wissenschaftliche Erwägungen basieren auf unvollständigem Wissen, auch Experten sind Interessen, Grenzen und Fehlern unterworfen, und die immer wieder geforderte Wertneutralität der Wissenschaft hat sich in der Praxis kaum je verwirklichen lassen.

Die Ideologie der Wertneutralität ist auch nicht unproblematisch. C.F. von Weizsäcker kritisiert sie insofern, als sie eine künstlich behütete Blindheit gegen die eigenen Konsequenzen schafft: «*Was sich selbst als neutral gegen bestehende Werte versteht, kann in jeden Dienst gestellt werden und wird in dem Dienste wirken, der sein Wachstum faktisch ermöglicht hat.*»[14]

Gesellschaftspolitisch bedeutsam ist die in eine Debatte eingebrachte Unterschiedlichkeit von Fakten und Bewertungen: Vorhandene Streitigkeiten und Meinungsverschiedenheiten über Risiken verschwinden nicht, wenn von immer mehr wissenschaftlichen Experten immer aufwendigere statistische Beweise vorgelegt werden, aber die entzweienden Werturteile fortbestehen. Statistiken, die mit den jeweiligen a priorischen Urteilen übereinstimmen, werden als verläßliche und repräsentative Beweise akzeptiert. Solche, die mit diesen Empfindungen nicht in Einklang zu bringen sind, stehen – berechtigter- oder unberechtigterweise – unter dem Verdacht, unzuverlässig und interessenverzerrt zu sein.

Wenn aber die gesellschaftliche Risikoperzeption von mehr als nur Unfallstatistiken und erfahrungsbezogenen Wahrscheinlichkeitsrechnungen über den Schadenseintritt abhängt, dann stellt ein großer Teil der heutigen Bemühungen von Wissenschaft und Industrie den fruchtlosen Versuch dar, mit immer aufwendigeren Mitteln immer präzisere Antworten auf die falsche Frage zu geben. Die Verlagerung der Risikobewertung von der naturwissenschaftlichen Ebene auf die sozialwissenschaftlich–gesellschaftspolitische wäre erforderlich, zumindest die Bereicherung der traditionellen Risikodiskussion um sozialwissenschaftliche Aspekte.

Um eine adäquate Einschätzung von Risiken zu erleichtern, wäre die Erarbeitung und breite Nutzung eines allgemein anerkannten Risikoindexes (vergleichbar mit der bei Erdbeben verwendeten Richter-Skala) hilfreich.[15] Ein derartiges logarithmisch skaliertes Maß, an dessen Benutzung sich die Öffentlichkeit mit der Zeit gewöhnt, könnte dazu beitragen, daß bedrohliche, aber in weniger spektakulärer Form auftretende Risiken von weniger bedrohlichen, aber z.B. durch einen Unfall eindrücklich ins Bewußtsein gerufene Risiken unterschieden werden können. Vielleicht sind mit der Zeit sogar 'Akzeptanz-Schwellen' im Konsens festlegbar. So oder anders, eine Versachlichung der Risikodiskussion ist Voraussetzung für ein besseres Risikoverständnis.

Gesellschaftlicher Wertewandel

Es ist unverkennbar, daß vieles von dem, was wir heute als gesamtgesellschaftlichen Wohlstand genießen, das Resultat von Werten und Verhaltensweisen der Vergangenheit ist. Das erreichte hohe Niveau unseres Wohlstands auf breiter Ebene war eine Vor- und Begleitbedingung des Wertewandels. Die offenkundig gewordenen 'Nebeneffekte' des wirtschaftlichen Wachstums in der Vergangenheit - und der technische Fortschritt, der gewisse negativ zu bewertende Sachverhalte überhaupt erst meßbar machte - beschleunigten den nun möglich gewordenen Wertewandel.

Kaum jemand wird angesichts der immensen Not in der Dritten Welt und der globalen Umweltherausforderungen bestreiten, daß Fortschritt Bestandteil unserer gesellschaftlichen Sinngebung bleiben muß. Die individuelle inhaltliche Ausfüllung des Begriffs «Fortschritt», der ja als Idee und Ideal ursprünglich in der moralischen Sphäre beheimatet war und im Sinne von Heilsfortschritt bzw. sittlicher Verbesserung Verwendung fand, ist jedoch das Resultat einer Reflexion im Lichte persönlicher Werturteile, Empfindungen und Erfahrungen.

Die Bewertung von Fakten, die im Zusammenhang mit einer Fortschritts-Technologie vorgebracht werden, hängt überwiegend vom Resultat dieser Reflexion ab.

Weltanschauungen, handlungsleitende Werte und somit auch Fortschrittsdefinitionen sind seit einigen Jahren in vielen Industrieländern einem tiefgreifenden Wandel unterworfen.[16] Noch bis in die 70er Jahre hinein herrschte ein relativ breiter gesellschaftspolitischer Konsens über die wünschbare Zukunft als qualitativ verbesserte Extrapolation der jüngsten Vergangenheit vor. Das Vertrauen in den immanenten Sinn des Vorwärts- und Aufwärtsstrebens verlieh Kraft und Zuversicht, und nicht selten dominierte ein naiver Fortschrittsglaube. Seither aber hat sich ein Wandel im Sinne von Veränderungen in der Wertekonstellation vieler Menschen vollzogen, in ihrer Art zu denken, zu fühlen, Wünsche zu empfinden und Erwartungen an ihre Umwelt zu richten.[17] Im großen und ganzen, so scheint es, haben *Pflicht-* und *Akzeptanzwerte* (Disziplin, Leistung, Ordnung, Unterordnung, Anpassungsbereitschaft, Fleiß) an Geltung verloren und *Selbstentfaltungswerte* (Selbstverwirklichung, Ungebundenheit, Genußfreude, Individualisierung, Gleichheit, Demokratie, Partizipation) an Gewicht gewonnen.[18] Befürchtungen über Umweltzerstörung und die Besorgnis über den Nord-Süd-Konflikt stehen heute im Empfindungsspektrum einer Mehrzahl von Menschen in unserer Gesellschaft ganz oben. Dieser Wandel, ob er nun positiv (mehr Selbstverwirklichung) oder negativ (mehr Chaos) bewertet wird, beeinflußt die Beurteilung technischen Fortschritts.

Die Existenz eines solchen Wertewandels bedeutet jedoch nicht, daß traditionelle Wertehaltungen nicht mehr anzutreffen sind. In pluralistischen Gesellschaften wie den unsrigen gibt es kein geschlossenes gesamtgesellschaftliches Wertesystem mehr, wie das noch für unsere Elterngeneration der Fall war. Heute existieren in westlichen Industrieländern - aber auch in vielen Ländern der Dritten Welt - mehrere Wertesysteme gleichberechtigt nebeneinander.

Der in unserer Gesellschaft stattfindende Wertewandel schafft einerseits neue Freiräume, Gewinnchancen und Kreativitätspotentiale für uns Menschen, also wünschenswerte Dinge, die auch z.B. für die Forschung und für die Dynamisierung einer Marktwirtschaft von größtem Wert sind. Mit den neuen Freiräumen und der Verminderung von gesellschaftlichen 'Orientierungs-Leitplanken' entstehen jedoch auch Verluste, Zwänge, Belastungen und Ängste. Wo traditionelle Sinngebungen verblassen, können durch Orientierungsverlust Gefühle der Sinn- und Machtlosigkeit entstehen. Das führt bei vielen Menschen zu einem Auseinanderklaffen von objektiven Lebensbedingungen und subjektivem Wohlbefinden. Solche Veränderungen in der gesellschaftlichen 'Großwetterlage' beeinflussen auch die Wahrnehmung der Gentechnik.

Für international tätige und in der Forschung engagierte Unternehmen brachte und bringt der Wertewandel der letzten fünfzehn Jahre neue Legitimationszwänge – steigende Umsätze und Gewinne reichen heute nicht mehr aus, um breite Bevölkerungskreise von der Legitimität und Wünschbarkeit privatwirtschaftlichen Engagements für den Fortschritt zu überzeugen. Unternehmen und forschende Institutionen dürfen, wollen sie über den Tag hinaus erfolgreich sein, den Wertewandel der Gesellschaft, in der sie leben, nicht ignorieren. Nicht nur die externe Akzeptanz steht auf dem Spiel, sondern auch die Motivation der Mitarbeiter und deren Identifikation mit dem Unternehmen.

Wo die Privatwirtschaft als egoistischer Sachwalter partikuläre Profitinteressen zulasten von Gesellschaft und Umwelt wahrnimmt, geht Vertrauen verloren und entfaltet sich Widerstand. Deshalb muß heute auch für die Forschungspolitik einer Institution die aufgeklärte Zustimmung der Öffentlichkeit gesucht werden - stillschweigende Duldung reicht nur bis zum nächsten unerwarteten Ereignis.

Daß es durch verschiedene Verhaltensweisen in der Vergangenheit zu krisenhaften Entwicklungen gekommen ist (Treibhauseffekt, Ozonloch, saurer Regen, Verminderung der Artenvielfalt, etc.), und dies in vielerlei Hinsicht eine Umkehr notwendig macht, kann niemand leugnen.[19] Eine lineare Weiterentwicklung der industriellen Entfaltung nach dem Muster der letzten vierzig Jahre ist, das wissen wir heute, mit einer nachhaltigen Entwicklung für alle Menschen auf unserem Planeten nicht vereinbar. Gesellschaftlicher Wandel im Sinne einer Bewußtseinsveränderung ist notwendig, Bewußtseinswandel im Geiste einer intertemporal verstandenen 'Goldenen Regel':

Handeln wir so, daß die Konsequenzen unseres Handelns für die uns nachfolgenden Generationen nicht die Lebensqualität verunmöglichen, die wir heute im Norden unseres Planeten für angemessen und menschenwürdig halten.

Die Notwendigkeit eines derart gestalteten sozialen Wandels ist jedoch nicht gleichzusetzen mit einer Abwendung von wissenschaftlich–technischem Fortschritt, einem Ausstieg aus der technisierten Zivilisation oder mit der Tabuisierung einer bestimmten Technologie. Im Gegenteil, Wissenschaft und Forschung sind notwendig, um *Entwicklung* im Sinne der von der *Brundtland-Kommission* empfohlenen Richtung herbeizuführen.

Der erforderliche gesellschaftliche und technische Wandel muß ein Wandel im Bunde **mit** der Wissenschaft sein und nicht gegen sie. Daß hier *Wissenschaft* im ganzheitlichen Sinn aufzufassen ist, leuchtet ein, denn jede einzelne wissenschaftliche Disziplin zeigt für sich allein nur einen Teil des relevanten Wissensspektrums auf. Die angesichts der immensen Vermehrung des Wissensstoffes notwendig gewordene Spezialisierung hat in manchen Disziplinen zur Überspezialisierung und so zu einer bedauerlichen Fragmentierung des vorhandenen Gesamtwissens geführt.

Fortschreitender Reduktionismus birgt erhebliche Gefahren in sich, weil die damit verbundene selektive Wahrnehmung den vielschichtigen Problemen nicht gerecht werden kann. Die hier angebrachte Analyse der Wirkungen komplexer Verflechtungen ist nur ganzheitlich zu bewältigen – Interdisziplinarität wird zur sittlichen Pflicht.

Wo die sachliche Notwendigkeit eines bestimmten Handelns aus Gründen der Weltanschauung nicht anerkannt wird oder Sachurteile mangels eigener Erfahrungen nicht möglich sind, werden auch in Zukunft Werturteile eine große Rolle spielen. Daß dabei in den Gesellschaften der Dritten Welt, wo es für die Mehrzahl der Menschen vornehmlich um die Lösung akuter Überlebensprobleme (Befriedigung existenzieller Grundbedürfnisse) geht, andere Bewertungsansätze und Prioritäten vorherrschen, als dort, wo eine wachsende Anzahl von Mitbürgern sich auf hohem Wohlstandsniveau postmateriellen Werten zuwendet, liegt auf der Hand – Wertehaltungen sind auch sozial bedingt.

Wenn jedoch die aus Werturteilen resultierenden Bewertungsdifferenzen mit der Auflistung von technisch–wissenschaftlichen Fakten nicht bewältigt werden können und deren Diskussion allein nicht weiterführt, wird der gesellschaftliche Dialog, die Auseinandersetzung mit den verschiedenenen, in einer pluralistischen Gesellschaft vorkommenden Weltanschauungen und Wertehaltungen für forschende Institutionen unerläßlich.

4 Die Notwendigkeit des gesellschaftspolitischen Dialogs

Wenn wir zum Kern der Dissonanzen vordringen wollen, die heute in der Diskussion über Gen- und Biotechnologie (ob für Industrieländer oder die Dritte Welt) auftreten, müssen vermehrt die der gesellschaftlichen Bewertung zugrundeliegenden Werturteile in den Vordergrund der Diskussion gerückt werden.

Welche Ziele wollen wir erreichen – für uns, unser Vaterland und unseren Heimatplaneten? In welcher Priorität? Was versteht eine demokratische Mehrheit unter Fortschritt für die Menschen? Welche Werte sind in unserer Gesellschaft konsensfähig? Wie kommen sie zustande und wodurch werden sie im Zeitablauf verändert? Welcher wirtschaftliche, soziale und politische Preis ist wem zumutbar, um vereinbarte Ziele zu erreichen? Welche Rolle spielt die Politik im Prozeß der Wertebildung und des Wertewandels?

Ebenfalls müssen Verzichtfragen erörtert werden, denn man kann nicht ernsthaft den Verzicht von Produktion oder die Umstellung auf qualitatives Wachstum fordern, ohne klarzustellen, auf welche Produkte eine Mehrheit der Bevölkerung zu verzichten bereit ist. Allerdings wird der demokratische Weg zur Beantwortung von Verzichtfragen gefährdet, wenn bei weitgehend gesicherter Güterversorgung in Industriegesellschaften ein Wachstum der Produktion und des Konsums um ihrer selbst willen Störungen im Umweltsystem verursachen, die zu Nachteilen bzw. lebensbedrohenden Folgen für alle heutigen und zukünftigen Menschen führen.

Es stellt sich die Frage, ob sich innerhalb der uns verbleibenden Frist ein angemessenes Bewußtsein für die ökologischen und sozialen Begrenztheiten entwickelt, so daß zumindest in den Überflußgesellschaften des Nordens und des Südens freiwillig und aus Einsicht auf bestimmte destruktive Produktions-, Konsum- und Verhaltensweisen verzichtet wird, bevor der Verzicht durch einen Kollaps des Umweltsystems diktiert wird. Besonnenheit als Fähigkeit zur Reflexion des eigenen Handelns und als Fähigkeit, zum momentanen Nutzen Distanz zu gewinnen und langfristig zu denken, wird angesichts der bestehenden Probleme immer mehr zur Determinante freiheitlicher Entscheidungen.

Erst nachdem über diese Fragen konkrete Antworten vorliegen, kann die Diskussion um eine spezifische Technologie mit Aussicht auf konsensfähige Ergebnisse geführt werden. Weltanschauungs- oder Werturteilsdiskussionen sind nicht im gleichen Diskurs-Universum beheimatet und nicht Teile ein und derselben kohärenten Gedankenwelt wie technische Diskussionen – sie müssen deshalb voneinander getrennt werden. Bei technischen Fragen gibt es ein 'Richtig' oder 'Falsch' – bei Werturteilsfragen nicht, sie sind kausalwissenschaftlich nicht beantwortbar. Heute leiden viele Diskussionen darunter, daß die technische und die philosophische Ebene miteinander vermischt werden und es nicht immer deutlich ist, auf welcher Ebene die Argumentation gerade stattfindet.

In jeder Phase dieser Diskussionen ist **Toleranz** ein unbedingtes Erfordernis. Meinungspluralismus und der Wettbewerb zwischen voneinander abweichenden Denkrichtungen sind Ausdruck eines vitalen geistigen Umfeldes in einer Gesellschaft. Das bewußte Bemühen um Duldung und Anerkennung eines anderen in seinem Recht, anders zu denken, und die Achtung andersartiger Anschauungen und Handlungsweisen fördern den Erkenntnisfortschritt. Engstirnigkeit ist in jedem Fall fehl am Platz, denn schließlich gibt es noch die Möglichkeit, daß 'der andere' recht hat.

Das Toleranzerfordernis gilt für alle, es richtet sich jedoch besonders an diejenigen, die in unserer Gesellschaft über große finanzielle und institutionelle Ressourcen verfügen, denn wer Macht hat, ist eher in Gefahr, intolerant zu sein, als jemand, der keine Macht hat. Oft reicht es schon aus, sich auf Fragen der jeweils anderen Position ernsthaft einzulassen, um eigene Gedankenprozesse in andere Bahnen zu lenken und sie zu bereichern. Die Radikalität des Fragens darf nicht mit Destruktivität der Einstellung gleichgesetzt werden. KritikerInnen sollten nicht verteufelt, sondern ernst genommen werden. Die Tatsache, daß man um Positionen streitet, belegt die Gemeinsamkeit der Anliegen.

Die Auseinandersetzung zwischen BefürworterInnen und GegnerInnen der Gentechnik und ihrer Anwendung in der

Dritten Welt darf keine 'Sieger' und 'Besiegte' anstreben, sondern sollte zu einem möglichst breiten Konsens führen. Entscheidungen, die auf gesellschaftlichem Konsens basieren, können zwar ebenfalls falsch sein, sie genießen dafür aber mehr Akzeptanz als oligarchische Beschlüsse.

Gesellschaftlicher Dialog hat ohne Zweifel Selbstwert. Eine als problemhaft empfundene Situation kann jedoch nur dann verbessert werden, wenn diejenigen, die sich zum Dialog zusammengefunden haben, auch die Kraft und Disziplin aufbringen, eine gemeinsam getroffene Entscheidung in die Praxis umzusetzen.

Wettbewerbszwänge und wirtschaftlicher Zeitdruck

Vertieftes Nachdenken und Abwägen, so wie es bei der Beurteilung der Gentechnik und deren Einsatz in der Dritten Welt notwendig ist, erfordert eine Zeitspanne, die der Komplexität der Problematik angemessen ist. Hier liegt in der Praxis jedoch ein großes Problem.

Der wesentliche Teil der gentechnischen Forschung (zumindest der angewandten) findet zur Zeit in der Privatwirtschaft statt. Damit sind wirtschaftliche Nutzungsabsichten und wissenschaftliche Erkenntnisinteressen aufs engste miteinander verknüpft. Entsprechende Unternehmen, seien es international tätige Pharma- und Agrarunternehmen oder privatwirtschaftliche Forschungsinstitute, stehen untereinander in einem weltweiten Wettbewerb, in dem zeitliche Aspekte eine große Rolle spielen. Wer zuerst ein wichtiges Patent anmeldet oder ein überlegenes Produkt auf den Markt bringt, hat gegenüber der Konkurrenz Marktvorteile, die sich unter Umständen auf viele Jahre hinaus nicht einholen lassen.

Solange es in verschiedenen Ländern unterschiedliche gesetzliche Rahmenbedingungen und gesellschaftliche Akzeptanzkriterien gibt, wird gentechnische Forschung und Produktion in unterschiedlichem Maße möglich sein. Das bedeutet, daß wissenschaftlicher Fortschritt in verschiedenen Ländern verschieden schnell verläuft. Dort, wo er progressiver ist, werden internationale Wettbewerbsvorteile für die Industrien der betreffenden Länder möglich. Wo jedoch die an sich wichtigen gesellschaftlichen Bewertungsprozesse tiefer gehen und u.a. deshalb die Schaffung nationaler Gesetzesgrundlagen längere Zeit beansprucht, entstehen internationale Wettbewerbsnachteile.

Dadurch entsteht ein Zeitdruck, der aus den betroffenen Unternehmen heraus oft schwer vermittelbar ist. Führen diese Wettbewerbszwänge zur Verlagerung von Forschung und Produktion in Länder, in denen aus gesellschaftspolitischer oder juristischer Sicht niedrigere Hürden bestehen, so wird das wirtschafts- und beschäftigungspolitisch negativ bewertet und es entstehen neue Akzeptanzprobleme für die betreffenden Industrien und Institute.

Aus dieser Sicht – und für die Nord–Süd-Diskussion eher unerheblich – ist die heute hohe Geschwindigkeit des internationalen Forschungsrennens bedauerlich, denn sie führt dazu, daß wesentliche Fragen nicht tief genug ausgelotet werden können und daß, wie der Theologe Hans Küng beklagt, der technische Fortschritt die politische Gestaltung ständig zu überholen droht: «(...) *mit hängender Zunge hetzt die Gesetzgebung der technologischen Entwicklung hinterher wie ein Jagdhund seinem Wild.*»[20] Durch Drohungen von Wirtschaftsführern mit Auszug aus Standorten, an denen nicht innerhalb des durch den Wettbewerb diktierten Zeitraums geforscht oder produziert werden kann, gerät die ganze Diskussion unter Zeitdruck und wird zusätzlich negativ überlagert.

Notwendig ist also eine bewußte Aufhebung der heutigen Trennung von Theorie und Praxis – eine fundierte, vorausschauende und praktisch umsetzbare Abschätzung der Folgen naturwissenschaftlich–technologischen Forschens, **bevor** wir uns an die konkreten Arbeiten machen bzw. gesellschaftspolitisch kontroverse Ergebnisse anfallen.

Bestandteil dieser Technologiefolgen-Abschätzung sollte ein angemessener gesellschaftlicher Dialog über die Bewertung der Zwiespältigkeiten einer jeden Technologie sein. Sinnvollerweise sollten solche vorausschauenden Abschätzungen auch den Wertewandel von Gesellschaften berücksichtigen. Dadurch wird die Gefahr vermindert, daß Technologien, deren Forschung und Entwicklung lange Zeit erfordern, bei ihrer Anwendungsreife auf ein verändertes gesellschaftliches Umfeld treffen, das ihre Einführung infragestellt.

Wissenschaftlich–technisches Handeln würde damit in geringerem Maße eine reflexionsarme Verwirklichung vorgefaßter Ziele, und wissenschaftlich–technisches Handeln gewänne erhöhte soziale Akzeptanz, wenn gesellschaftliche Einwände im Zielsetzungsprozeß berücksichtigt würden, anstatt daß Widerstände in der Phase der Realisierung von Ergebnissen bekämpft werden.

Wissenschafts- und Technologiepolitik, wollen sie auf Dauer erfolgreich sein, können gesellschaftliche Werte nicht ignorieren und müssen offen bleiben für gesellschaftliche Lernprozesse. Es kann der Akzeptanz komplexer und deshalb aus der Laiensicht schwieriger Wissenschaften und daraus abgeleiteter Technologien nur helfen, wenn man hier mehr Demokratie wagen, mehr Geduld zum gegenseitigen Zuhören aufbringen und vertiefte Anstrengungen machen würde, die jeweils anderen zu verstehen.[21]

Das prinzipielle Problem verschieden empfundener Wirklichkeiten würde freilich jedoch auch dadurch nicht gelöst.

5 Über die Schwierigkeiten der gesellschaftlichen Konsensfindung

Immer mehr Laien gehen angesichts der naturwissenschaftlichen Komplexität gentechnischer Sachverhalte und der von GegnerInnen und BefürworterInnen erzielten technischen Überinformation desorientiert aus Debatten hervor. Professionell ausgewiesene NaturwissenschaftlerInnen bewerten, je nach dem, ob sie BefürworterInnen oder GegnerInnen der Gentechnik sind, ein und dieselben Fakten völlig unterschiedlich. Kontroverse Fachgespräche zwischen ExpertInnen scheinen sich oft auf völlig unterschiedliche Wirklichkeiten zu beziehen. Sie geraten so in der Wahrnehmung Fachunkundiger leicht zum philosophischen Diskurs über Glaubenswahrheiten, in dem die jeweiligen ExpertInnen versuchen, sich gegenseitig zu belehren anstatt einander zu verständigen.

In einer solchen Situation besteht die Gefahr, daß sich viele Menschen nicht mehr aktiv um eine reflektierte Art der Urteilsfindung bemühen, sondern sich auf Verhaltensmuster zurückziehen, die man oft bei der gesellschaftlichen Beurteilung komplexer Sachverhalte antrifft.

Die Feindbild-Haltung

Tritt in einer öffentlichen Debatte über Nutzen und Risiken der Gentechnik ein älterer, konservativ gekleideter Wissenschaftler aus der chemischen Industrie auf und argumentiert mit mathematisch belegten und in Formeln gekleideten infinitesimal kleinen Eintretenswahrscheinlichkeiten gegen Risikobefürchtungen, so wird das ohne Zweifel einen Teil des Publikums (nämlich 'seines') überzeugen. Wird die Gegenargumentation von einem als freier Berater arbeitenden Endzwanziger in Jeans und Lederjacke vertreten, der – ohne Hellraumprojektor und andere teure technische Hilfsmittel – tiefe Unbehagensgefühle über die veränderte Qualität menschlichen Handelns artikuliert und seiner Wut über sein Empfinden des Ausgeliefertseins an die Profitinteressen der Chemiebosse Ausdruck verleiht, so wird er wiederum auch 'seinem' Teil des Publikums glaubwürdig sein. Kommt zu diesen beiden, als Mitdisputant oder als Moderator dann noch ein Priester hinzu, der die Stelle aus dem Matthäus-Evangelium zitiert, in der Jesus seinen Jüngern sagt, daß eher ein Kamel durch ein Nadelöhr gehe, als daß ein Reicher ins Reich Gottes komme (Matth. 19.24), so tritt 'die Wahrheit' noch in einer zusätzlichen symbolischen Form auf, die auf beide Publika einen nachdenklichen Einfluß hat.

In einer solchen Situation wird von einem erheblichen Teil des Publikums nicht wachen Auges und offenen Ohres nach Denkanstößen aus anderen Richtungen geforscht, sondern nur das an Argumenten wahrgenommen, was vom jeweiligen 'Freund' kommt und deshalb eher im Einklang mit eigenen a priori–Überzeugungen steht.

Akzeptanz oder Ablehnung von Argumenten begründen sich nicht mehr faktisch, sondern werden durch zwei Hypothesen bestimmt:

- der **Freund-Vermutungs-Hypothese**, die es dem Menschen erlaubt, allem ihm unmittelbar Bekannten und Begreifbaren Vertrauen entgegenzubringen, und
- der **Feind-Vermutungs-Hypothese**, mit deren Hilfe alles unmittelbar Unbekannte, Unbegreifbare als potentieller Feind angesehen wird, und dessen Handeln es zu verhindern gilt.[22]

Wer im konkreten Fall 'Freund' und wer 'Feind' ist, hängt von individuellen Erfahrungen, von zur Disposition stehenden Interessen sowie von gesellschaftlichen Vorurteilen und Feindbildern ab. Denn, so der amerikanische Medienforscher Neil Postman: «*Die Wahrheit kommt nicht ungeschminkt daher und ist niemals so daher gekommen. Sie muß in der ihr angemessenen Kleidung auftreten, sonst wird sie nicht anerkannt, mit anderen Worten: 'Wahrheit' ist so etwas wie ein kulturelles Vorurteil. Jede Kultur beruht auf dem Grundsatz, daß sich die Wahrheit in bestimmten symbolischen Formen besonders glaubwürdig ausdrücken läßt, in Formen, die einer anderen Kultur möglicherweise trivial oder belanglos erscheinen.*»[23] Bei Antoine de Saint-Exupéry kommentiert der kleine Prinz die Geschichte mit dem türkischen Astronomen, dem aufgrund seiner Kleidung niemand Glauben schenkt, folgendermaßen: «*Die großen Leute sind so.*»[24]

Man sieht und findet nur, wonach man Ausschau hält

Karl Popper hat mit seiner «*Scheinwerfertheorie der Wissenschaft*» auf die Tatsache hingewiesen, daß nicht nur Laien für Vorurteile anfällig sind, sondern auch jede wissenschaftliche Beschreibung von Tatsachen selektiv ist und stets von Theorien abhängt.

«*Die Situation kann am besten durch den Vergleich mit einem Scheinwerfer verdeutlicht werden. (...) Was der Scheinwerfer sichtbar macht, das hängt ab von seiner Lage, von der Weise, wie wir ihn einstellen, von seiner Intensität, Farbe und so fort; es hängt natürlich auch weitgehend von den Dingen ab, die von ihm beleuchtet werden. In ähnlicher Weise hängt eine wissenschaftliche Theorie zum Großteil von unserem Standpunkt, von unseren Interessen ab, und diese sind in der Regel mit der Theorie oder der Hypothese verbunden, die wir überprüfen wollen – aber sie hängt auch von den beschriebenen Tatsachen ab. (...) Denn keine Theorie ist endgültig und jede Theorie hilft uns, die Tatsachen zu ordnen und auszuwählen.*»[25]

Die Existenz von akzeptierten 'Denkschulen' führt, darauf hat Spinner hingewiesen, zu einem gewissen Konformitätsdruck in wissenschaftlichen Institutionen – und als Resultat auch dazu, daß abweichende Denk- und Verhaltensweisen – weil «institutionell inakzeptabel» – behindert werden.[26] Diskriminierungsmöglichkeiten über die Stellenbesetzungspolitik verleihen etablierten Denkschulen ein starkes Regelmoment für die Schaffung neuen Wissens. Daß gegen den gegenwärtig gültigen Wissensstand (*state of the art*) schwer anzukommen ist, hatte schon Brecht mit seinem *Galilei* eindrücklich beschrieben.[27]

Wenn wir die Möglichkeit der 'Feind-' bzw. 'Freund-Vermutungs-Hypothese' ernst nehmen und nicht ausschliessen können, daß Voreingenommenheiten, individuelle Wünsche und Befürchtungen sowie zum Teil handfeste politische und finanzielle Interessen Forschungsrichtungen und Beurteilungen von Fakten beeinflussen, dann wird kritisch konstruktive Kommunikation (in der Forschung und allgemein) für den Erkenntnisfortschritt unerläßlich. Sie kann dazu beitragen, daß die verschiedenen Wirklichkeitsauffassungen, die wir über einen spezifischen Sachverhalt in einer Gesellschaft antreffen, zunächst offengelegt und dann im Dialog reflektiert werden.

Wie wirklich ist die Wirklichkeit?

Wir Menschen neigen dazu – das bestätigen die Arbeiten des Kommunikationsforschers Paul Watzlawick –, *«nach einer Ordnung im Ablauf der Geschehnisse zu suchen, und sobald wir eine Ordnung in sie hineingelesen haben, wird diese Weltschau durch selektive Aufmerksamkeit selbstbestätigend»*[28]. Das birgt die Gefahr in sich, daß wir uns an die eigene Wahrnehmung der Wirklichkeit klammern, selbst auf die Gefahr hin, Tatsachen verdrehen zu müssen, damit diese der jeweiligen Wirklichkeitsauffassung nicht widersprechen.

Watzlawick macht die Unterscheidung in eine *Wirklichkeit erster Ordnung* und in eine solche *zweiter Ordnung*.[29]

Die **Wirklichkeit erster Ordnung** bezieht sich auf physische Fakten, d.h. auf jene Wirklichkeitsaspekte, die sich auf den Konsensus der Wahrnehmung und vor allem auf experimentelle, wiederholbare und daher verifizierbare Nachweise beziehen.

Die **Wirklichkeit zweiter Ordnung** beruht ausschließlich auf der Zuschreibung von Sinn und Wert bestimmter Dinge. Diese zweite Wirklichkeit ist dadurch geprägt, wie wir Menschen aufgrund unserer Erfahrungen und unseres Wissensstandes über Zeit und Raum, Wünschbares und Unerwünschtes, Gegenwärtiges und Vergangenes denken, was unsere Träume und Alpträume sind. All dies beeinflußt unsere Vorstellungen über 'gut' und 'böse', unsere Definition von Weisheit und Intelligenz und prägt so unser Bewußtsein. Im Bereich dieser *Wirklichkeiten zweiter Ordnung* ist es absurd, darüber zu streiten, was **wirklich** wirklich ist.

Was ein Gen oder die DNA-Kette ist und welche Rolle Restriktionsenzyme spielen, das ist in der Wirklichkeit der ersten Ordnung jederzeit verifizierbar – welche Bedeutung und welchen Wert jedoch dieses Wissen hat, ist durch Faktoren bestimmt, die mit den verifizierten physischen Eigenschaften wenig, wenn überhaupt etwas zu tun haben.

Die Erfahrung zeigt, daß es keine absolute Wirklichkeit gibt, sondern nur «*subjektive, zum Teil völlig widersprüchliche Wirklichkeitsauffassungen, von denen naiv angenommen wird, daß sie der 'wirklichen' Wirklichkeit entsprechen*»[30]. Wer aber ausschließlich die eigene Wirklichkeitsauffassung für richtig hält, folgert zwangsläufig, daß der/die andere böswillig, dumm oder gar verrückt sein muß, wenn er oder sie die Dinge ganz anders sieht.

Moralisierung von Sachfragen

Eine an sich faktisch und sachkundig zu führende Diskussion gerät auch leicht in Gefahr, in moralischen Kategorien geführt zu werden.

«*Von dem Moment an, da der Einsatz* (oder – aus anderer Perspektive – der Nicht-Einsatz) *einer Technologie als eine Frage der Moral definiert wird, kann man auch ohne Detailkenntnisse über Funktion und Auswirkungen einer bestimmten Technologie mitdiskutieren. Es genügt die Tatsache, daß prinzipiell negative Auswirkungen möglich sind und damit moralischen Kategorien unterliegen. (...) Wenn aber Positionen zu einer Technologie mit moralischen Positionen gleichgesetzt werden, (...) gibt es keine Diskussion mehr über die Zweckmäßigkeit einer Technologie, sondern nur noch um die moralische Bewertung der Befürworter oder Gegner.*»[31]

Wenn Konflikte in Sachfragen so zu Gesinnungsfragen gemacht werden, sind einvernehmliche Lösungen fast nicht mehr erreichbar. Unter solchen Umständen werden Technologie-Debatten, die sich eigentlich über den sinnvollen Umgang mit einer Technik und mit der Verhinderung von Mißbrauch verständigen sollten, zu Geltungskonflikten über Selbst- und Weltverständnisse und somit zu Auseinandersetzungen über die sinnstiftende Interpretation der jeweiligen Wirklichkeit.

Wer Fortschritt überwiegend als ständiges Flicken an Symptomen betrachtet, bei dem durch fortlaufende Forschung meist nur an einem Ort Löcher gestopft werden, während gleichzeitig anderswo dadurch neue aufgerissen werden, wird die Gentechnik auch nur als Herumkurieren an Symptomen betrachten und dies noch mit inakzeptabel hohen Risiken oder gar als blasphemisch, in der Annahme, dem Herrgott werde 'ins Handwerk gepfuscht'.

Wer Krankheiten überwiegend als Resultat von Umweltzerstörung, Streß, Lebensmittelvergiftung und destruktivem Lebensstil wahrnimmt, wird nicht zu gentechnisch hergestellten Arzneimitteln neigen, sondern zu einem veränderten Verhältnis von Mensch zu Natur, zu anderen Lebenseinstellungen und Konsumstilen, ja, er oder sie wird letztlich zu anderen handlungsleitenden Werten aufrufen.

Wer angesichts der heutigen Nahrungsmittelüberschüsse in Westeuropa und Nordamerika den Hunger in der Dritten Welt hauptsächlich als Verteilungsproblem sieht und als Resultat von ungerechten Besitz- und Einkommensverhältnissen, der wird nicht nach gentechnisch verbesserten Pflanzen rufen, sondern nach gesellschaftlichen Reformen bei uns und in der Dritten Welt.

Schließlich, wer die Umweltzerstörung als Folge gewissen- und gedankenloser Ausbeutung sieht, der wird dafür plädieren, Umweltschädigung im Ansatz zu vermeiden und nicht im Nachhinein durch Gentechnik bzw. Biotechnologie zu reparieren.

Anmerkungen

1 Vgl. Adorno Th.: Minima Moralia. Reflexionen aus dem beschädigten Leben. Suhrkamp, Frankfurt 1989, S. 262.

2 Weber M.: Politik als Beruf. In: Gesammelte Schriften, 5. Aufl., UTB, Tübingen 1988, S. 551 f.

3 Siehe Arnold M.: Brauchen wir eine neue Politikberatung? In: Universitas. Zeitschrift für interdisziplinäre Wissenschaft, Vol. 46, Nr. 535, 1991, S. 60 f.

4 Bifani P.: New Biotechnologies for Rural Development. ILO, Genf 1989.

5 Siehe Barker R./Herdt R.W.: The Rice Economy of Asia. Washington D.C. 1985.

6 Siehe Rogers E.M.: Diffusion of Innovations, New York 1962; Katz E./Levin M.L./Hamilton H.: Traditions of Research on the Diffusion of Innovation. In: American Sociological Review, Vol. 28, 1963, S. 237–252; ebenfalls Wilkening E.A: Adoption of Improved Farm Practices as Related to Family Factors. Zitiert in: Planck U./Ziche J.: Land- und Agrarsoziologie. Ulmer, Stuttgart 1979.

7 Gollwitzer H.: Krummes Holz – aufrechter Gang. Zur Frage nach dem Sinn des Lebens. Kaiser, 10. Aufl., München 1985, S. 133.

8 Leisinger K.M.: Die «Grüne Revolution» im Wandel der Zeit: Technologische Variablen und soziale Konstanten. Erschienen in: Leisinger K.M./Trappe P. (Hrsg.): Social Strategies Forschungsberichte, Vol. 2, Nr. 2, Basel 1987.

9 Siehe dazu Hruschka E.: Zur Psychologie der Beratung. München 1964; Albrecht H.: Innovationsprozesse in der Landwirtschaft. Saarbrücken 1969; und ders.: Die Verbreitung von Neuerungen: Der Diffusionsprozeß. Förderungsdienst, Vol. 22, Nr. 2, 1974, S. 33–40.

10 Siehe Walgate R.: Miracle or Menace? Biotechnology and the Third World. Panos-Institute, London 1990. Er meint, alles hänge letztlich davon ab, ob die Konzerne des Nordens bereit seien, ihre Forschungsergebnisse mit dem Süden zu teilen.

11 Siehe dazu The British Medical Association Guide: Living With Risk. John Wiley, Chichester/New York 1987.

12 Siehe dazu auch Slovik P.: Perception of Risk. In: Science, Vol. 236, 17. April 1987, S. 280–285.

13 Vgl. Wilson R./Crouch E.A.C.: Risiko-Abschätzung und -Vergleiche. In: Schuez M. (Hrsg.): Risiko und Wagnis. Die Herausforderung der industriellen Welt. Neske (Gerling Akademie), Pfullingen 1990, S. 42–59.

14 Von Weizsäcker C.F.: Der Garten des Menschlichen. Beiträge zur geschichtlichen Anthropologie. Fischer, Frankfurt 1987, S. 46.

15 Vgl. von Randow Th.: Falsch verstandene Risiken. In: Die Zeit, Nr. 1, 28.12.1990, S. 58. Siehe ebenfalls Slovic P.: Informing and Educating the Public About Risk. In: Risk Analysis, Vol. 6, No. 4, 1986, S. 403–415.

16 Siehe Klages H.: Wertorientierungen im Wandel. Rückblick, Gegenwartsanalyse, Prognosen. Campus, Frankfurt 1985. Ebenso Klages H./Kmieciak P. (Hrsg): Wertewandel und gesellschaftlicher Wandel. 3. Aufl., Campus, Frankfurt 1984.

17 Siehe Klages H.: Wertorientierungen im Wandel. Op. cit. S. 18 f.

18 Siehe dazu auch Demoscope (Hrsg.): Das psychologische Klima der Schweiz – Der Weg der Schweiz 1974–87. Adligenswil 1988.

19 Siehe dazu von Weizsäcker C.F.: Bewußtseinswandel. Hanser, München 1988.

20 Küng H.: Projekt Weltethos. Piper, München 1990, S. 35.

21 Siehe dazu jedoch auch Nowotny H./Eisikovik P.: Entstehung, Wahrnehmung und Umgang mit Risiken. Op. cit. S. 32: «*Experten sind nicht die einzigen, die irren. Es ist ein altes, zweischneidiges Problem: einerseits die Gefahr einer Legitimation für eine Oligarchie der Illuminati durch den Hinweis auf Erfolge von Wissenschaft in der Konfrontation mit der öffentlichen Meinung, andererseits die Tendenz zum Verklären des Funktionierens von Demokratie, und dies ist vielleicht noch relevanter als eine Idealisierung der Kompetenz von Wissenschaft.*»

22 Vgl. Bundesminister für Forschung und Technologie (Hrsg): Politik, Wertewandel, Technologie. Ansatzpunkte für eine Theorie der sozialen Entwicklung. Econ, Düsseldorf 1982, S. 23.

23 Postman N.: Wir amüsieren uns zu Tode. Urteilsbildung im Zeitalter der Unterhaltungsindustrie. 3. Aufl., Fischer, Frankfurt am Main, 1985, S. 34.

24 De Saint-Exupéry A.: Der kleine Prinz. Arche, Zürich 1983, S. 16 f.

25 Popper K.: Die offene Gesellschaft und ihre Feinde. Bd. 2, 6. Aufl., Francke, Tübingen 1980, S. 322.

26 Vgl. Spinner H.F.: Das 'wissenschaftliche Ethos' als Sonderethik des Wissens. Mohr, Tübingen 1985, S. 35 f.

27 Siehe Brecht B.: Leben des Galilei. 15. Aufl., Suhrkamp, Frankfurt 1972.

28 Watzlawick P.: Wie wirklich ist die Wirklichkeit? 17. Aufl., Piper, München 1989, S. 84.

29 Ebenda, S. 143.

30 Ebenda.

31 Roeglin H.-C./von Grebmer K.: Pharma-Industrie und Öffentlichkeit. Buchverlag der Basler Zeitung, Basel 1988, S. 60 f.

IV Vorläufige Schlußfolgerungen

Die Diskussion um das Für und Wider von Gen- und Biotechnologie und deren Anwendung in der Dritten Welt steht noch immer in der Anfangsphase. Zu viel beruht noch auf Hoffnungen oder ist erst in Umrissen erkennbar, und zu viele wichtige Aussagen basieren auf Hypothesen, deren Wertigkeit auf breiter gesellschaftlicher Basis noch ungeklärt ist. Undifferenzierte Urteile, die die Gentechnik als 'Allheilmittel' für alle Übel der Dritten Welt preisen oder sie als apokalyptische Reiter dämonisieren, kann man jedoch schon auf der heutigen Datenbasis ablehnen. Schwarz–Weiß-Urteile mögen sich vielleicht besser für die Beeinflussung einer Podiumsdiskussion oder Medienpräsentation eignen, seriöser ist jedoch das sehr viel schwierigere differenzierende Abwägen und entsprechendes Handeln.

Ebenfalls ist schon heute ersichtlich, daß die meisten Nutzen und Risiken, die im Zusammenhang mit der Gentechnik für die Menschen in den Ländern der Dritten Welt diskutiert werden, nicht grundsätzlich neuer, gentechnikspezifischer Natur sind, sondern – mit der Ausnahme der gentechnisch möglichen Substitution von tropenlandwirtschaftlichen Exportgütern – allgemeiner entwicklungspolitischer Natur.

Es gibt nicht einen einzelnen Schlüssel zur Beurteilung von Nutzen und Risiken der Gentechnik für die Menschen in der Dritten Welt. Wir haben es eher mit einem komplizierten Kombinationsschloß zu tun, zu dessen Öffnung ein schwieriger Code aus vielen Informationen und Bewertungen notwendig ist.

Nicht überwindbar ist die Ambivalenz, die jedem technischen Fortschritt innewohnt. Ebenfalls unvermeidlich ist das Offenbleiben von Wünschen für die weitere Gestaltung nicht nur unserer technischen, sondern auch unserer sozialen Zukunft.

1 Die Ambivalenz des technischen Fortschritts

Für den deutschen Theologen Helmut Gollwitzer ist Fortschritt als solcher «(...) *nichts anderes als dauernder Kampf um das Erringen seiner positiven Aspekte, das Bestehen seiner ihn begleitenden Gefahren und das Verwinden der von ihm verursachten Einbußen*»[1]. Was diese «positiven Aspekte», «Gefahren» und «Einbußen» jedoch im konkreten Fall sind, ist strittig, denn die Wertigkeit einer bestimmten Auswirkung technischen Fortschritts ist eine «Wirklichkeit zweiter Ordnung».

Lösungen im Sinne einer abschließenden Entscheidung über das dadurch entstehende Dilemma sind nicht möglich: Je nach dem, wie die Wertigkeit eines durch technischen Fortschritt gewonnenen oder verlorenen Gutes aus der Sicht eines urteilenden Individuums ausfällt, wiegt der Gewinn oder der Verlust höher.

Hinzu kommt, daß gänzlich Unerwartetes eintreten kann, nämlich «(...) *daß wir, gerade wenn wir etwas Angestrebtes erreicht oder verwirklicht haben, entdecken müssen, daß es eigentlich nicht das Angestrebte, sondern vielleicht sogar dessen*

Verhinderung war»[2]. Weiterer technischer Fortschritt wird also schon zur Korrektur der Auswirkungen heutiger Technik notwendig. Abgesehen davon gibt es Gefahren, die daraus resultieren, daß sich zwischen dem wissenschaftlich–technischen Können des Menschen und seiner sittlichen Verantwortungsbereitschaft eine Kluft auftut – wobei es sich hier wiederum um eine Problematik techniktranszendenter Natur handelt.[3] Jede Technologie kann nur so gut sein wie die Menschen, die mit ihr umgehen!

Auch die Gentechnik steht guten und schlechten Verwendungszwecken offen; es liegt an uns, ob sie zum Segen oder zum Fluch wird. Mit der Gentechnik können ertragsreichere, dem jeweiligen Biotop angepaßte und schädlingsresistente Saatsorten hergestellt werden, die – flankierende soziale und politische Maßnahmen vorausgesetzt – einer Mehrzahl der Kleinbauern erhebliche Vorteile und mehr Nahrung bringen können. Aber, und das liegt am anderen Ende des Spektrums, auch die 'Atombomben der armen Länder', nämlich neue biologische Vernichtungswaffen, werden möglich.[4] Da die sozialen Breitenwirkungen einer Technologie nur so gut sein können, wie es die bestehenden gesellschaftlichen Rahmenbedingungen zulassen, enthält die Gentechnik beides, Elemente für und gegen die Armen.[5]

Die Ambivalenz technischen Fortschritts wird dadurch deutlich, daß sowohl technikimmanente als auch techniktranszendente Gefahren weder vorhersehbar sind noch durch sorgfältigste Planung völlig aufgehoben werden können. Zwar können diese Gefährdungen nicht gleichgültig hingenommen werden, sie können aber erst recht nicht mit Technikfeindlichkeit gelöst werden, denn – wie Carl Friedrich von Weizsäcker[6] es ausdrückt – wird ein

Fahrrad nicht eben sicherer fahren, wenn man die Lenkstange festklemmt. Im Jahre 1957 wies er darauf hin, daß *«wenn die Menschheit heute auf die Technik und die zu ihr gehörige Planung verzichten wollte»*, sie bereit und fähig sein müsse, *«die Menschenzahl auf der Welt zu dezimieren»*[7]. Diese Aussage bezog sich auf die damalige Bevölkerungsgröße von zweieinhalb Milliarden, die nur deshalb lebten, weil es Industrie, Verkehr und intensive Landwirtschaft, kurz, weil es Technik gebe. Technischer Fortschritt, dort wo er stattfand – in der Vergangenheit vornehmlich in den westlichen Industrieländern –, hat trotz seiner Gefahren die materiellen Voraussetzungen für Wohlstand und soziale Sicherheit für breite Bevölkerungsschichten geschaffen; ohne ihn wird auch die Dritte Welt für eine wirtschaftliche und soziale Entwicklung nicht auskommen.

Mittlerweile ist die Bevölkerung auf über fünf Milliarden angewachsen, wobei die armen und geburtenstarken Länder in der südlichen Hemisphäre unseres Globus liegen. Sie stellen drei Viertel der Weltbevölkerung und sind die technologisch rückständigsten. Besonders dort wird also qualitatives wirtschaftliches Wachstum und soziale Entwicklung stattfinden müssen, wenn größte Probleme für den ganzen Planeten Erde vermieden werden sollen. Das aber ist ohne neue Technologien nicht machbar – auch nicht ohne eine sozial und ökologisch verträgliche Marktwirtschaft.

Soziale Entwicklung und politische Stabilität sind auf ein sozial und ökologisch verträgliches Wirtschaftswachstum angewiesen – die gleiche Abhängigkeit besteht in der umgekehrten Richtung. Solange Menschen eine Zukunftsperspektive sehen und Verbesserungen bei ihrer Lebensqualität erreichbar erscheinen, sind Kompromisse und Hintanstellung kurzfristiger individueller Interessen zumutbar bzw. wahrscheinlich. Wenn dagegen die sozialen und/oder ökologischen Grenzen des Wachstums erreicht sind, wenn Verteilungskämpfe ausbrechen und als Folge politische Instabilität um sich greift, dann kommt eine Abwärtsspirale für jegliche Entwicklung in Bewegung.

Wirtschaftliche und soziale Entwicklung sind im wesentlichen durch den jeweiligen Stand der Technik determiniert. Die moderne technische Entwicklung hat die Grenzen des Wachstums für uns Menschen in den Industrieländern lange Zeit hinausgeschoben. Es wird heute jedoch sichtbar, daß wir mit den traditionellen Technologien an die Grenzen der ökologischen Tragfähigkeit unserer Erde stoßen. Dazu Hans Jonas: «*Dieselben Mittel, mit denen er* (der Fortschritt) *die Armut der Dritten Welt zu beheben und den materiellen Wohlstand der ganzen, dank ihm wachsenden Menschheit zu mehren verspricht – die Mittel der aggressiven Technik –, drohen auf lange Sicht gerade mit ihren kurzfristigen Erfolgen zu vielleicht unheilbarer Umweltverwüstung zu führen. Es ist die eher zu große als zu geringe Wirksamkeit der Mittel, die wir zu fürchten haben. Unsere Macht ist gefährlicher als unsere Ohnmacht.*»[8]

Aber auch die weitverbreitete Armut in der Dritten Welt hat Auswirkungen, die mit einer nachhaltig tragfähigen Entwicklung für den ganzen Planeten nicht vereinbar sind. Wege aus diesem Dilemma sind nicht einfach zu finden. Für die Sicherung positiver wirtschaftlicher und gesellschaftlicher Entwicklungsmöglichkeiten für den Süden und den Norden sind neben politischen und sozialen Reformen in der Dritten Welt auch solche erforderlich, die alle Aspekte der Nord-Süd-Politik berücksichtigen,[9] d.h. einschließlich Reformen in den Handelsströmen und den weltwirtschaftlichen Strukturen.

Andererseits muß technischer Fortschritt neben der utilitaristischen eine sozialethische Ausrichtung erfahren, und zwar im Sinne derjenigen Maximen, die aus den Forderungen für eine soziale und ökologische Verträglichkeit für den ganzen Planeten und die menschenwürdige Lebensqualität zukünftiger Generationen resultieren.

Die bestehenden Ambivalenzen technischen Fortschritts dürfen auf keinen Fall verdrängt werden. Das Wissen um die Ambivalenz darf auch nicht lähmen; im Gegenteil, es muß das Handeln klären und in ganzheitlicher Verantwortung prägen. Nur Handeln im Bewußtsein der Ambivalenz macht einen sozial sinnvollen Einsatz einer hochkarätigen Technologie möglich. Widersprüche zwischen dem, was als erwünschte Auswirkung angestrebt wird und dem, was als reales Ergebnis erscheint, sind dabei als dialektischer Prozeß aufzufassen, durch den eine Annäherung an 'die Wahrheit' möglich wird.

Den aus dieser Situation resultierenden Pflichten dürfen wir uns nicht entziehen, denn: «*Wir Menschen leben nicht einfach passiv getrieben in unserer eigenen Geschichte. Wir übernehmen Verantwortung für unser Schicksal, wir beurteilen es danach, was es sein soll, wir denken moralisch. Die fundamentale Ambivalenz ist darum die Ambivalenz der Moral.*»[10] Diese grundsätzliche Fähigkeit des Menschen zum Guten und zum Bösen ist letztlich nur ethisch reflektierbar.

2 Desiderata

Gen- und Biotechnologie, ob nun im Zusammenhang mit der Dritten Welt oder per se, befinden sich heute in einem offenen Diskussionsprozeß. Tenor und Richtung dieser Diskussion sind nicht vorausplanbar und können sich, je nach neuen empirischen Erfahrungen aus Forschung und Anwendung, strukturell verändern. Aus diesem Grund muß, was konkrete und verallgemeinerbare Schlußfolgerungen angeht, die hier geführte Diskussion offen bleiben.

Was den weiteren Umgang mit Gen- und Biotechnologie in der Dritten Welt betrifft, soll hier jedoch eine 'Wunschliste' vorgelegt werden, deren Erfüllung einen Großteil der heute artikulierten Befürchtungen gegenstandslos machen würde.

Ethische Reflexion zur Sicherung der Zukunft

Dürfen wir aus ethischer Perspektive all das tun, wozu wir wissenschaftlich–technisch in der Lage sind? Bedürfen Forschungsarbeit und wirtschaftliche Handlungsweisen einer normativen Orientierung? Wenn ja, wo finden wir diese? Bestimmen wir selbst in Reflexion der moralischen Qualität von Handlungsalternativen die Leitlinien unseres Tuns, oder sind wir unentrinnbar (vermeintlichen oder tatsächlichen) 'Sachzwängen' unterworfen, die uns wie seelenlose Roboter auf die Reise ins Ungewisse schicken? Schaffen wir durch unser heutiges Tun Fakten, die uns und nachfolgende Generationen zu 'Zauberlehrlingen' machen, die zu Sklaven der von ihnen geweckten Geister wurden?

Fragen dieser Art sind für die Beurteilung der moralischen Qualität unseres Tuns und somit auch für die Beurteilung neuer Technologien unerläßlich. Sie müssen deshalb von allen gestellt werden, die in der Forschung, Entwicklung und praktischen Auswertung neuartiger Technologien Verantwortung tragen. Die Legitimation der Freiheit, unsere natürliche Umwelt durch aktives Eingreifen zu verändern, besteht in der Verantwortung, Grenzen in unserem Wollen und Handeln einzuhalten, damit das Wollen und Handeln anderer Menschen nicht in unzulässiger Weise beeinträchtigt wird. Wenn wir jedoch nach allgemein verbindlichen Kriterien für sittliches Verhalten im Alltag suchen, dann stoßen wir wiederum auf ein Werteproblem.

«Nirgends sind die Meinungsverschiedenheiten und die Widersprüche miteinander unverträglicher Standpunkte größer als in der Beurteilung von Handlungen bezüglich ihrer Richtigkeit und Moralität. Was der eine für gut hält, lehnt der andere rigoros ab und ist oft nicht einmal dazu bereit, seinen Standpunkt zu problematisieren, d.h. der Kritik auszusetzen und Gegenargumenten zu begegnen.»[11]

Der Geltungsbereich für sittliches Verhalten, für Verhalten im Rahmen jener Werte und Normen, die in einer Gesellschaft durch gemeinsame Anerkennung als verbindlich betrachtet werden, bezieht alle Gebiete menschlichen Handelns ein. Jean Starobinski spricht in seinen *Dreizehn Thesen zur Ethik in der Medizin*[12] wesentliche ethische Kriterien an, die in der Forschungsarbeit mit dem Erwerb objektiven Wissens zusammenhängen:

«(...) *die ernsthafte Überprüfung der Theorien, die man zu widerlegen oder zu überholen wünscht; die Ehrfurcht vor dem Problem; der Wille zu verstehen und sich nicht mit einem voreiligen Verständnis zufriedenzugeben; das Bemühen um Gültigkeit der Beobachtungen und der unternommenen Versuche; der Wille, keine Schlüsse zu ziehen, wenn die erhaltenen Resultate nicht in ausreichender Zahl vorhanden sind; das Einsehen der Fehlerquellen; die Ehrlichkeit in der Weitergabe der Resultate.*»[13] Die Ethik des rechtsgültigen wissenschaftlichen Beweises *ergänzt* andere ethische Anforderungen, sie *ersetzt* sie aber nicht.

Entsprechende Gebote (*Du sollst!*) und Verbote (*Du sollst nicht!*) appellieren somit auch an die Gemeinschaft der Handelnden im Sachverhalt «Gentechnik in der Dritten Welt». Dabei stehen uns zwar (nach kultureller Tradition unterschiedliche) 'Wegweiser' für das richtige Verhalten zur Verfügung, aber keine standardisierten Anleitungen zu ethisch einwandfreiem Verhalten.

Wegweisende Funktion haben zunächst nationale und internationale Rechtsnormen, die laufend dem neuesten Wissensstand angepaßt werden müssen. Das Recht kann jedoch immer nur das ethische Minimum sein, denn die Ausbildung von Rechtsnormen kann unter Umständen bei dynamischem Fortschritt nicht hinreichend schnell sein, um problemhaftes Handeln zu verhindern. Der Staat ist heute überwiegend reaktiv tätig, deshalb ist nicht alles, was legal ist, auch legitim. Zusätzliche Kriterien für aus ethischer Sicht angemessenes Verhalten können durch Erarbeitung von Ehrenkodices bzw. selbstverpflichtenden Richtlinien der verschiedenen Berufsstände oder professionellen Vereinigungen eingebracht werden. Nicht daß es spezielle 'Berufsethiken' gäbe, aber Verhaltenskodices dieser Art *können*[14] die Umsetzung ethischer Anforderungen in die Praxis der jeweiligen Berufe erleichtern.

Dennoch, so wichtig solche Richtlinien sind, sie laufen Gefahr, selbstreferentiell zu sein. Der Frankfurter Philosoph und Unternehmensberater Rupert Lay beschreibt den Begriff der «Selbstreferenz» als ein Verhaltensmuster, das, unabhängig von den Bedürfnissen des Gesamtsystems, ausschließlich an den strukturellen Vorgaben des eigenen Subsystems orientiert ist und vorwiegend dessen Eigendynamik folgt.[15] Aber auch dann, wenn solche Richtlinien im dialogischen Konsens mit anderen gesellschaftlichen Gruppierungen entstanden sind, können sie es dem einzelnen nicht abnehmen, sich in Konfliktsituationen gemäß seiner individuell empfundenen moralischen Verantwortung selbst zu entscheiden.

Da die ethische Grundfrage «(...) *immer, wo sie konkret wird, eine Frage* (ist), *auf die es keine in dem Sinn eindeutige, glatte und die Konflikte harmonisierende Antwort gibt, daß man in ihr zur Ruhe kommen könnte*»[16], wird es kaum möglich sein, in der Wissenschaft oder Wirtschaft Entscheidungen zu fällen, ohne gegen die eine oder andere Norm zu verstoßen.

In der Praxis gibt es immer wieder Zwangslagen, die auch bei sorgfältigster Güterabwägung höchstens die Wahl zwischen einem (individuell verschieden empfundenen!) größeren und einem kleineren Übel offen lassen und somit als ethisches Dilemma unauflösbar bleiben. Da jedoch auch das sogenannte 'kleinere Übel' angesichts der Potentialität heutiger Technik ein großes Übel sein kann, werden von Philosophen neue Werte, neue Ideen vom Guten, Rechten und Anzustrebenden angemahnt, die für Individuen und Gesellschaften Geltungskraft haben.

Werte von gestern für die Welt von morgen

Kein anderer hat so eindringlich und unmißverständlich darauf aufmerksam gemacht, daß die traditionelle Ethik in Anbetracht des Potentials moderner Technologien viel von ihrer Gültigkeit verloren hat, wie der große zeitgenössische Philosoph Hans Jonas. Er hat nachgewiesen, daß die veränderte Natur menschlichen Handelns auch eine Änderung in der Ethik des Handelns erforderlich macht. Er geht in seinem Werk u.a. der Frage nach, welche «*Werte von gestern für die Welt von morgen*» taugen.[17]

Seine Ansichten über «Sitte», «ganzheitliche Verantwortung» und «Furcht» bzw. «Vorsicht» sind so wertvoll, daß sie mit der Diskussion um Gentechnik und Dritte Welt in Zusammenhang gebracht werden sollen.

Sitte und Sittlichkeit

Jonas sieht Sitte, Sittlichkeit und die damit verbundenen Pflichten in der heutigen Zeit in Auflösung begriffen – also all das, was vormoralisch und vorrechtlich das Miteinander regelt, durch das wir begreifen, was sich schickt und was nicht, was man sagt und nicht sagt, was man zeigt und was man verbirgt.[18]

Die technologische Zivilisation, die – so Hans Jonas – «*so subtil in ihren Mitteln und so vulgär in ihren Wirkungen*»[19] sei, bedürfe wieder bzw. vermehrt der sittlichen Ausrichtung im traditionellen Sinne. Als eine Begründung für seine Forderung führt er an, daß heute die Intimität des Privaten nicht mehr gewährleistet sei, sondern eine Exhibition der seelischen und leiblichen Privatissima stattfinde. Zwar gilt dieses Urteil bei Jonas den Informationsmedien, doch ist die Verbindung zur Gentechnik insofern nicht von der

Hand zu weisen, als sie Einblick in die Erbinformation des Menschen erlaubt und die Neukombination von Genen durch direkten Eingriff in die Erbsubstanz mit biochemischen Verfahren möglich macht.

Die Tatsache, daß solche Befürchtungen nicht nur rein theoretischer Natur sind, wird denn auch heute in mehreren asiatischen Ländern auf schlimme Weise offenbar: Gentechnisches Wissen dient dort zur pränatalen Geschlechtsbestimmung und hat die massenhafte Abtreibung weiblicher Föten zur Folge.[20]

In diesem Zusammenhang verdient der Standpunkt der *Schweizerischen Gesellschaft der chemischen Industrie* Beachtung, die Eingriffe in die menschliche Keimbahn und die Arbeit mit menschlichen Keimzellen und Embryonen mit dem Ziel der Veränderung des Erbgutes aus ethischer Sicht als unvertretbar erklärt.[21]

Der Wert der Wohltätigkeit

So heterogen die Dritte Welt mit ihren – je nach Definition[22] – 120 bis 140 Ländern, ihren vielfältigen Kulturen und höchst unterschiedlichen sozialen, ökonomischen sowie politischen Rahmenbedingungen auch ist, sie ist der Ort auf unserem Planeten, wo drei Viertel aller Menschen leben, über 87 Prozent aller Geburten stattfinden und fast 99 Prozent aller Kinder- und Säuglingssterblichkeit zu beklagen sind.[23] Besonders für die ärmeren Länder der Dritten Welt haben die letzten zwei Jahrzehnte wenig greifbare Fortschritte gebracht.[24] Hungersnöte und Seuchen werden auch in den Neunzigern Jahr für Jahr Millionen Menschen dahinraffen. Notstände wie diese machen Notstandstugenden[25] notwendig, wie sie früher als Barmherzigkeit und Wohltätigkeit auf der Individualebene zu finden waren. Als eine solche Notstandstugend ist – an sinnvollen Kriterien ausgerichtete – Entwicklungshilfe bzw. -zusammenarbeit auf globaler Ebene aufzufassen.

Tugendhaftigkeit ist jedoch nicht nur von intrinsischem Wert, sie dient auch hier dem langfristigem Eigeninteresse. Die immer deutlicher zutagetretenden Interdependenzen zwischen Armut, sozialer Unrast und Umweltzerstörung auf unserem Planeten machen die Suche nach adäquaten Lösungen zunehmend auch für unsere Zukunftssicherung und die unserer Kinder notwendig. Nicht zuletzt ist eine nachhaltige und friedfertige Entwicklung im Süden (und auch im Osten) dringend erforderlich, um in den kommenden Jahren riesige und sozial sowie politisch hoch brisante Flüchtlingsströme zu vermeiden.[26] Wenn wir uns irgend etwas vom technischen Fortschritt erhoffen dürfen, so ist dies eine nachhaltige Befriedigung menschlicher Grundbedürfnisse, also eine Verminderung der physischen Bedürftigkeit.

Die Ressourcen, die der Dritten Welt von den reichen Ländern für eine nachhaltige Zukunftssicherung gewährt werden müßten, damit auch im Süden (und Osten) Wohlstand auf breiter Basis entstehen kann, sind heute um ein Vielfaches geringer als diejenigen, die morgen bei sozialen und politischen Nord–Süd-Auseinandersetzungen oder zur Abwendung gewaltiger Flüchtlingsströme aufgewendet werden müßten. Prävention ist auch hier die sinnvollere Handlungsalternative.

Notstandstugenden sind an Elend geknüpft, doch sie wären keine Tugenden, wenn sie danach strebten, die Bedürftigkeit zu untermauern. Der beste Sinn und Wert auch der Entwicklungshilfe und -zusammenarbeit liegt deshalb darin, sie langfristig überflüssig zu machen. Deshalb ist es ist unvermeidlich, im vorliegenden Zusammenhang auch die politisch brisante Problematik der «Konditionalität» von Entwicklungshilfe anzusprechen. Gemeint ist die Einmischung in die «internen Angelegenheiten» der betreffenden Entwicklungsländer, indem an die Vergabe von Mitteln der Entwicklungszusammenarbeit politische, soziale, ökologische und wirtschaftliche Bedingungen geknüpft werden.

Es ist nämlich nicht die Einführung oder Nichteinführung der einen oder anderen Technologie, die der Mehrzahl der Menschen in der Dritten Welt Entwicklungschancen nimmt oder vorenthält, sondern die fortdauernde Existenz reformunwilliger, überwiegend an der Maximierung ihrer privaten Wirtschafts- und Machtinteressen orientierter und zahlenmäßig kleiner Oberschichten, die sich notwendigen und längst bekannten wirtschafts- und sozialpolitischen Veränderungen in ihren Ländern entgegenstellen. Groteskerweise sind es, wie schon Gunnar Myrdal bemerkte, oft diejenigen Politiker, welche an internationalen Konferenzen wortgewaltig eine neue Ordnung der Weltwirtschaft fordern, die sich im eigenen Land weigern, eine neue Gesellschafts- und Wirtschaftsordnung einzuführen.[27]

Vernachlässigung der Interessen der unteren Schichten, Unterbezahlung der LandwirtInnen, Überbesteuerung der Landwirtschaft, ausbleibende Land- und Pachtreformen, Rechtsunsicherheiten, Diskriminierung produktiver ethnischer Minoritäten und anderes Fehlverhalten blockieren nachhaltige Entwicklung im ländlichen Raum und insgesamt. Entwickeln kann sich jedoch nur, was im Ansatz vorhanden ist und in seiner Entfaltung von den lokalen

Regierungsinstitutionen nach besten Kräften unterstützt wird. Gegen den Willen der Regierenden kann keine effektive Entwicklungspolitik betrieben werden. Reformunwillige Regierungen oder gar parasitäre Oberklassen, die aus purem Eigeninteresse entwicklungshemmende Rahmenbedingungen aufrechterhalten, sollten nicht mehr von außen durch Entwicklungshilfe legitimiert und unterstützt werden. Die eingesparten Mittel, die durch den Wegfall von Unterstützung an entsprechende Länder frei werden, können an anderen Orten als Prämie für durchgeführte Reformen und zur Milderung eventueller kurzfristiger sozialer Konsequenzen verwendet werden. Wo angemessene wirtschaftliche, soziale und politische Reformen durchgeführt werden, wo ökonomische Anreize mit sozialen Sicherungsmaßnahmen verbunden sind und durch die Förderung öffentlicher und privater Institutionen die Bildung von Humankapital vorangetrieben wird, können potente Technologien wie die Gentechnik dazu beitragen, daß der gesamtwirtschaftliche 'Kuchen' schneller wächst und die zur Verteilung anstehenden 'Stücke' dieses Kuchens für alle schon mittelfristig spürbar größer werden.

Der Wert der Rücksicht und der ganzheitlichen Verantwortung

Es ist nicht immer ganz eindeutig, wessen Macht über wen oder was nun die größere ist: die des Menschen über die Technik oder die der Technik über den Menschen. Sicher ist, daß die mit der Technik verbundene Macht gewachsen ist und weiter wachsen wird. Schon in den fünfziger Jahren und angesichts jener Technik sah Albert Schweitzer darin eine Gefahr:

«Der Mensch ist zum Übermenschen geworden, (...) weil er nicht nur über die angeborenen physischen Kräfte verfügt, sondern weil er, dank der Erfolge der Wissenschaft und Technik, über die in der Natur ruhenden Gewalten verfügt und sie in seinen Dienst stellen kann. Aber der Mensch leidet an einer unheilvollen Unvollkommenheit seines Geistes. Er hat sich nicht auf die Höhe übermenschlicher Vernunft erhoben, die dem Besitz einer übermenschlichen Macht entsprechen müßte.»[28]

Hans Jonas teilt die Sorge über das gewachsene Mißverhältnis von Macht und Weisheit. Für ihn ist die Verheißung der modernen Technik – und da sind Gen- und Biotechnologie nur einzelne Fäden im Gewebe eines großen Teppichs – in eine Bedrohung für die ganze Menschheit umgeschlagen. Für ihn stellen sie Handlungen von so neuer Größenordnung, mit so neuartigen Objekten dar und ermöglichen so neuartige Folgen, daß Unumkehrbarkeiten und kumulative Auswirkungen zu befürchten sind, die sich dem Rahmen der herkömmlichen Ethik entziehen.

Er mahnt deshalb eine neue Ethik an, eine «*Ethik der Verantwortung, die heute nach mehreren Jahrhunderten postbaconischer, prometheischer Euphorie (...) dem galoppierenden Vorwärts die Zügel anlegen muß*»[29]. Er sieht ganzheitliche Verantwortung als eine für unser Überleben «*hochwichtige erzieherische und intellektuelle Aufgabe*»[30]. Der Mensch könne sich zwar aus Patriotismus und Nationalgefühl zu Opfern bereit erklären, es fiele ihm offenbar jedoch schwer, Sorge um die ganze Menschheit zu fühlen. «*Denn sie ist abstrakt, meistenteils fremd in mehr als einem Sinne, und der Feind, der sie bedroht, ist innen; die eigenen Gewohnheiten und Begierden.*» Somit könne sich, so Jonas, ganzheitliche Verantwortung «*ohne Begründung durch die Vernunft*» nicht «*gegen die spontaneren Regungen naher Solidaritäten und Egoismen*» behaupten.[31]

Das Defizit an ganzheitlicher Verantwortungsbereitschaft hat u.a. auch mit einem Mangel an umfassender Information über späte Folgen unseres kollektiven Handelns zu tun. In vielerlei Hinsicht sind uns nur die unmittelbaren, sichtbaren oder begreifbaren Folgen unseres Tuns offenbar und bewußt – nicht aber die indirekten, unsichtbaren, jene, zu denen wir mittelbar durch unser Verhalten über komplexe und nur einem Spezialisten wirklich nachvollziehbare Wirkungsverflechtungen beitragen: Welchen Unterschied macht schon das Treibgas meiner kleinen Haarspraydose angesichts der vielen Faktoren, die zur Bildung des Ozonlochs beitragen? Warum soll ausgerechnet ich auf der Autobahn 120 Stundenkilometer fahren, wo doch so viele brennende Ölquellen in Kuweit und andere Faktoren zum Treibhauseffekt beitragen?

Vittorio Hösle[32] macht in diesem Zusammenhang auf eine sehr lesenswerte portugiesische Novelle[33] aufmerksam, die sich mit einer vergleichbaren Problematik vor über hundert Jahren (1880) beschäftigte: Der Held der Novelle – ein kleiner, in armseligen Verhältnissen lebender Amtsschreiber namens Theodor – braucht zu Hause in Portugal nur eine Klingel zu betätigen, um den Tod eines reichen Mandarins im fernen China auszulösen und durch dessen Hinterlassenschaft unvorstellbar reich zu werden.

Die Moral der Novelle ist, daß «*im ganzen unermeßlichen China (...) kein einziger Mandarin am Leben bliebe, könntest Du ihn, o Leser, so leicht wie ich auslöschen und seine Millionen erben (...)*»[34], weil die Folgen dieser Handlung – anders als bei einem 'gewöhnlichen' Mord – nicht direkt mit der Tat des Klingelns verbunden ist.

Wohl nur sehr wenigen von uns ist heute in genügendem Ausmaß die große Vielfalt der destruktiven Wirkungsverflechtungen unserer Produktionsweise, unseres Abfallverhaltens, unseres Energieverbrauchs oder unseres Umgangs mit nichterneuerbaren Ressourcen bewußt, als daß wir in ihnen 'Klingelschnüre' erkennen würden, an denen wir mit unserem heutigen Handeln ziehen, um irgendwo – geographisch und zeitlich weit entfernt – zum Tod von Menschen beizutragen. Und doch trägt meine Spraydose und mein individuelles Fahrverhalten letztlich zum Treibhauseffekt bei, aufgrund dessen irgendwann im nächsten Jahrtausend, vielleicht in den Malediven oder in Bangladesch, Menschen aufgrund von Überschwemmungskatastrophen ums Leben kommen, die durch den klimabedingt gestiegenen Meeresspiegel ausgelöst werden. Insofern hat der heutige Gebrauch meiner FCKW-haltigen Spraydose eine moralische Dimension.

Hösle weist darauf hin, wie wenig es nützt, Menschen auf den heute nicht unmittelbar erfaßbaren, zukünftigen Unwert einer Handlung aufmerksam zu machen – man denke nur an das Rauchen. Für ihn liegt mehr Hoffnung in der Fähigkeit, die schönen Seiten alternativen Handelns angemessen zu beleuchten und in einem Ansatz, der das Wertesystem und das Selbstwertgefühl des- oder derjenigen ironisiert, das sich aus einem großen, schnellen Auto und entsprechendem Fahren oder aus mit Haarspray gestylten Frisuren ableitet. Auch hier ist vor dem Angriff auf andere Selbstprüfung angesagt, man sollte zunächst den Balken im eigenen Auge entfernen, bevor man auf den Splitter im Auge der anderen zeigt.

Die ethische Verantwortung wächst mit steigenden (wirtschaftlichen, wissenschaftlichen, institutionellen und technischen) Möglichkeiten. Deshalb kommt gerade im Zusammenhang mit der Gentechnik und ihrer Anwendung der *Verantwortungsethik* im Gegensatz zur *Gesinnungsethik* ein so großes Gewicht zu. Der *Gesinnungsethiker* fühlt sich nur dafür verantwortlich, daß er seinen ethischen Prinzipien treu bleibt, oder, wie Max Weber sagt, daß die «*Flamme der reinen Gesinnung* (...) *nicht erlischt*»[35] – und dies ohne Rücksicht auf die Folgen. Nicht das tatsächliche Ergebnis bestimmt die ethische Qualität des Handelns, sondern allein die Frage, ob eine Handlung in Übereinstimmung mit den an bestimmten a priori–Prinzipien ausgerichteten Handlungsabsichten orientiert war. Die Geschichte zeigt, wieviele Eiferer, die voll guten Willens waren, Unheil über die Menschen brachten – «(...) *der Versuch, den Himmel auf Erden einzurichten, produziert stets die Hölle*»[36].

Verantwortungsethiker hingegen fragen nach den Folgen ihres Handelns. Sie rechnen mit den durchschnittlichen Defiziten der Menschen und geben sich Rechenschaft darüber, daß sie für die Folgen ihres Handelns aufzukommen haben und diese nicht auf andere und deren Fehler abgewälzt werden können.[37]

Sorgfalt bei der Prüfung der Rückwirkungen von Handlungen auch auf zukünftiges menschliches Leben müssen ebenso selbstverständlich sein wie die Sorgfalt beim Experimentieren. Ein hippokratischer Eid für die Naturwissenschaften wird sich hier als notwendig erweisen, auch wenn zugegebenermaßen eine solche Verpflichtung nicht leicht konkret zu formulieren ist. Jonas schließt auch ein technisches Moratorium nicht aus, d.h. ein zeitlich begrenztes Aussetzen technischen Handelns, um dem notwendigen reflektierenden Nachdenken über das, was wir sollen und dürfen, Raum zu geben. Nur die Ehrfurcht vor dem 'Heiligen', d.h. dem unter keinen Umständen zu Verletzenden, wird uns, so Jonas, davor schützen, um der Zukunft willen die Gegenwart zu schänden.[38]

Solche Mahnungen sind ernst zu nehmen. Sie sind jedoch weitgehend kompatibel mit der Aufforderung anderer Philosophen zum verantwortungsvollen Weiterarbeiten, denn zum einen gilt das, was Dürrenmatt seinen Physiker Moebius über die Atomphysik sagen läßt, auch für die Gentechnik: «*Was einmal gedacht wurde, kann nicht mehr zurückgenommen werden.*»[39] Zum anderen nützt «*der Verzicht auf Wissenschaft (...) überhaupt nichts; die Rakete, im Flug angehalten, stürzt ab; sie muß ins richtige Ziel gelenkt werden*»[40].

Die Wissenschaft muß sich der schwierigen Aufgabe stellen, ganzheitlich die Konsequenzen vorauszusehen, die durch ihr Tun bewirkt werden und sie an einer verbindlichen Wertehierarchie messen – naturwissenschaftliche und andere Forschung darf, was die Ziele angeht, keine Reise ins Ungewisse sein. Daß man den Verantwortlichen in Wissenschaft, Wirtschaft und Politik auch das Vorhandensein zusätzlicher Tugenden, wie Streben nach Gerechtigkeit, Besonnenheit, Kritik-, Kommunikations- und Konfliktfähigkeit sowie Friedfertigkeit abverlangt, bedarf keiner weiteren Rechtfertigung.

Zu den besonderen Verantwortungen derjenigen, die mehr wissen und über mehr Ressourcen verfügen, gehört die Bereitschaft, sich nicht in den naturwissenschaftlichen Elfenbeinturm zurückzuziehen und sich dort auf die Erforschung molekularbiologischer, biochemischer oder sonstiger Spezialprobleme zu konzentrieren. Die gesellschaftspolitische Diskussion gehört mehr und mehr ins Pflichtenheft auch der naturwissenschaftlichen ForscherInnen – dies nicht zuletzt aus langfristigem Eigeninteresse, denn die gesellschaftliche Akzeptanz einer wissenschaftlichen Richtung entscheidet letztlich über die politische Unterstützung und somit über die finanzielle Förderung. Vergleichbares gilt für die Beschränkung auf privatwirtschaftliche Interessenverfolgung.

Gespräche, wie sie zwischen Kirchen- und Wirtschaftsvertretern (leider keinen Vertreter*innen*!) während eines Jahres zum Thema «Gentechnik» stattgefunden haben, könnten auch für andere kontroverse Sachverhalte einen Ziellenkungsprozeß darstellen.[41] Als Ergebnis der Gespräche wurden nicht nur Maßstäbe für die ethische Orientierung gemeinsam festgelegt (z.B. Unantastbarkeit der genetischen Integrität des Menschen; Mehrung des Wohlstands und Minderung des Leidens; Ehrfurcht vor allem Lebendigen und u.a. damit Erhaltung der Vielfalt der Arten; Handlungsfreiheit und Wahlmöglichkeit und damit keine irreversiblen Entwicklungen), sondern es wurden auch Regeln für die Lösung von ethischen Zielkonflikten aufgestellt; u.a.:

- Vorrang der Sicherheit vor der Wirtschaftlichkeit;
- Vorrang des Allgemeinwohls vor der Verwirklichung von Einzelinteressen;
- Gerechtigkeit als räumlich und zeitlich universale Verantwortung.

Heuristik der Furcht

Kein(e) VertreterIn aus Wissenschaft, Politik und Wirtschaft kann voraussetzen, daß das, was getan wird, ausschließlich positive Auswirkungen hat, und die bloße Hoffnung, daß von den neuen Möglichkeiten stets nur ein verantwortungsbewußter Gebrauch gemacht wird, reicht nicht aus. ForscherInnen und technisch Handelnde sind für alle Folgen ihres Handelns moralisch verantwortlich, nicht nur für die von ihnen erhofften und erwünschten. Sie müssen sich deshalb, so Poppers *«provisorische Neuformulierung»* des Hippokratischen Eides, fortwährend bemühen, mögliche Gefahren und einen möglichen Mißbrauch ihrer eigenen und anderer Forschung im voraus abschätzen und über Sicherungen nachdenken.[42] Die moralische Verantwortung ist auch dann vorhanden, wenn keine entsprechenden Gesetze bestehen, die unerwünschte Auswirkungen zum Fall für die Justiz machen.

Um sich über unerwünschte Auswirkungen technischen Handelns eine adäquate Vorstellung machen zu können, fordert Jonas eine *«Heuristik der Furcht»*, die Mobilisierung der gesamten menschlichen Vorstellungskraft für mögliche Bedrohungen, die aus der modernen Technik resultieren. Dabei soll der «Unheilsprophezeiung» mehr Gehör gegeben werden als der «Heilsprophezeiung»; die Aufbietung des dem Vorgestellten angemessenen Gefühls sei erforderlich, denn: *«Immer muß der Wissende darauf gefaßt sein, später einmal wünschen zu müssen, er hätte nicht oder anders gehandelt.»*[43]

Furcht, so Jonas, sei nicht mehr ein Akt der Phantasie, sondern der *Moral* und der *Verantwortung*. Die Kultivierung der Furcht rückt für ihn gar an die Spitze aller Werte. Die auch von anderen geteilte Begründung liegt darin, daß niemand ausschließen kann, daß etwas Unerwartetes geschieht, denn: *«Wer Sicherheit von Voraussagen predigt, glaubt an die Vermeidbarkeit von Zufällen. Möglich wäre das allein in einer vollständig determinierten Welt.»*[44] Wenn wir aber Abschied nehmen von der «Vollkommenheitsillusion»,[45] da wir menschliches Versagen nicht ausschließen können, wird das vertiefte Nachdenken über mögliche negative Konsequenzen zur planerischen Pflicht.

Auch wenn man über die Relevanz und Eintretenswahrscheinlichkeit der im Zusammenhang den Forschungsrisiken geäußerten Befürchtungen geteilter Meinung sein kann, diese gehören zur von Jonas geforderten «*Heuristik der Furcht*». Man weiß erst, was in Gefahr ist, wenn man akzeptiert, daß es in Gefahr ist. Auch C.F. von Weizsäcker teilt die Meinung – man denke ohne den Schrecken nicht über die richtigen Fragen nach.[46]

In einer Welt, in der, wie Jonas befürchtet, das «*Unerwartete die Regel*» und die «*Überraschung das zu Erwartende*» ist, seien hypothetische, wissenschaftlich fundierte und möglichst globale (also die Heuristik der Furcht mitumfassende) Zukunftsprojektionen der wichtigste neue, heute einzuübende Wert für die Welt von morgen. Jonas macht darauf aufmerksam, daß der Wert von Prognosen heute auch darin liegt, daß wir auf sie aktiv reagieren und sie damit handelnd verändern können.[47]

Die Mitteilung von Prognosen, öffentlich ernst genommen, mobilisiert den handelnden Willen für oder gegen sich. Sie verändert also die Kausalbedingungen ihrer Rechnung, sei es zu ihren Gunsten oder zu ihren Ungunsten. Trifft eine unheilvolle Prognose also nicht ein, so ist das kein Beweis für ihre Falschheit – die Verkündigung des Unheils kann die Ursache zu dessen Verhinderung sein. Nach Jonas haben die meisten Unheilsprophezeiungen heute das Ziel, auf eben diese Weise nicht recht, sondern unrecht zu behalten.[48]

Der Wert des Maßhaltens und der Bescheidenheit

Eine weitere Facette der Ethik und Zukunftsverantwortung ist für Jonas die des Maßhaltens – Maßhalten in bezug auf den Erwerb und den Gebrauch der mit der Technik verbundenen verfügbaren Macht, Maßhalten in bezug auf Konsum- und Abfallverhalten. Erforderlich ist nicht 'Konsumverzicht', sondern eine Bescheidenheit der Zielsetzungen, der Erwartungen und der Lebensführung, ein bewußtes und sorgfältiges Auswählen dessen, was die heutige Befriedigung der menschlichen Bedürfnisse ermöglicht, ohne zukünftige Generationen im Norden und Süden darin einzuschränken.[49] Hans Jonas möchte «(...) *gewissermaßen von unten her eine würdige Frugalität zum unwillkürlich wirksamen gesellschaftlichen Wert* (machen), *ehe es dafür zu spät ist und uns nur die unwürdige Alternative des verarmten Verschwenders bleibt*»[50].

In seiner jüngsten Sozialenzyklika *Centesimus Annus* (*CA*) forderte auch Papst Johannes Paul II einen Bewußtseinswandel im Sinne eines «*verantwortlichen Verbraucherverhaltens*» und des «*hohen Verantwortungsbewußtseins bei den Produzenten*». Er hält die Nachfrage nach einem qualitativ befriedigerenden und reicheren Leben für «*an sich berechtigt*» (*CA 36*), warnt jedoch vor einem rein an materialistischen Werten ausgerichteten Leben: «*Nicht das Verlangen nach einem besseren Leben ist schlecht, sondern falsch ist ein Lebensstil, der vorgibt, dann besser zu sein, wenn er auf das Haben und nicht auf das Sein ausgerichtet ist.*» (*CA 36*)[51]

Das erscheint dort besonders notwendig, wo Gesellschaften so verformt sind, daß individuelles und gruppenspezifisches Sozialprestige und Selbstverständnis von der Befriedigung immer groteskerer Bedürfnisse abhängen.

Der Verdacht, daß übertriebener äußerlicher Glanz innere Hohlheit überdecken soll, wurde von Veblen schon vor fast hundert Jahren geäußert.[52]

Zur Erreichung des Ziels eines neuen Verhaltens in den Konsumgewohnheiten sieht Jonas zwei Möglichkeiten: die des *freiwilligen Konsensus* und die des *gesetzlichen Zwangs*. Die Alternative zur gesetzlich aufgezwungenen Disziplin ist die Selbstdisziplin – sie war seit jeher der Preis der Freiheit. Der Weg des freiwilligen Konsenses sei nur gangbar, wenn das gewünschte Verzichtverhalten durch die Macht der Sitte zur gesellschaftlichen Norm erhoben werde. Dann muß auch nicht mehr befürchtet werden, daß ein anderer das tut, was wir selbst unterlassen.[53]

Hans Jonas weist den Weg zu diesen Veränderungen: «*Letztlich wird die Sache der Menschheit wohl doch von unten und nicht von oben betrieben. Die großen sichtbaren Entscheidungen zum Guten oder Schlimmen werden auf der politischen Ebene fallen (oder auch versäumt werden). Aber wir können unsichtbar den Boden dafür bereiten, indem wir mit uns selbst den Anfang machen. Der Anfang, wie bei allem Guten und Rechten, ist jetzt und hier.*»[54]

Fehlerfreundlichkeit bewahren

Der Begriff «Fehlerfreundlichkeit» wurde in der Mitte der 70er Jahre von Christine von Weizsäcker in die Technologiedebatte um die Kernernergie eingeführt.[55] Der angesprochene Sachverhalt beschäftigt sich mit der Tatsache, daß dort, wo wegen (als möglich empfundener) katastrophaler oder irreversibler Folgen keine Fehler mehr gemacht werden dürfen oder durch einen hohen Technikaufwand unterdrückt werden, ein Lernen aus Fehlern nicht mehr möglich ist.

Die Wissenschaft lernt von Beobachtung und neuen Erfahrungen – das aber heißt, daß sie auch Fehler machen und Irrtümer begehen muß, um von diesen zu lernen. Systeme, die dies nicht mehr erlauben, sind nicht mehr innovationsfähig, sie vergeben sich die Möglichkeit des rechtzeitigen Erkennens von Irrwegen. Die Tatsache, daß wegen der Gefahr von Sabotageakten und Böswilligkeit im Zusammenhang mit solchen Technologien ein unverhältnismäßiger und gesellschaftspolitisch nicht akzeptanzfähiger Sicherungsaufwand betrieben werden muß, ist seit *Wackersdorf* bekannt.

Die Unwiderlegbarkeit von *Murphy's Gesetz*, nämlich daß alles, was schief gehen kann, irgendwann auch einmal tatsächlich schief geht, sollte dem gesunden Menschenverstand nahelegen, daß der Wirkungsradius von Fehlern möglichst eingeengt werden sollte. Im heutigen Urteil vieler Experten ist das Gefahrenpotential der Gentechnik gering (die Technologie also fehlerfreundlich), solange sie nur im kleinen Maßstab und kleinräumig zur Anwendung kommt (Labor, Freiversuch). Deshalb ist hier der Wunsch anzumelden, bei jeder verfügbaren Alternative und unabhängig von der Wirtschaftlichkeit immer jenes Vorgehen zu wählen, das kleinere und fehlerfreundlichere Schritte erlaubt. Der Wunsch nach sicherheitsmaximierenden Forschungsstandorten wurde bereits geäußert.

Kommunikative Kompetenz und kollektive Kreativität

Wissenschaftlich–technische Entwicklung wird heute von einer wachsenden Anzahl von Menschen nicht mehr nur als Quelle von Problemlösungen betrachtet, sondern zugleich und immer mehr auch als Problemquelle.[56] Die Tatsache, daß zu wesentlichen Themen von öffentlichem Interesse hochkarätige WissenschaftlerInnnen mit vergleichbarer Überzeugungskraft auf der Pro- und auf der Kontra-Seite auftreten, erweckt den Anschein, wenn schon nicht der Beliebigkeit, so doch der Bestreitbarkeit wissenschaftlicher Erkenntnisse. Dadurch wird nicht nur das Vertrauen in die Wissenschaft, sondern auch das in die Vernunft erschüttert.

In einer Zeit, in der wegen der Komplexität der zur Entscheidung anstehenden Sachverhalte die Adressaten und Verwender wissenschaftlicher Ergebnisse – in Politik und Wirtschaft, Massenmedien und Alltag – immer abhängiger von wissenschaftlichen Argumenten werden, sind sie mit einer Überkomplexität und Vielfalt von Befunden konfrontiert. Dies eröffnet Wahlmöglichkeiten in der Definition von Erkenntnissen.[57] Wenn Auftraggeberinteressen aus Politik und Wirtschaft vorhanden sind, kann 'die Wahrheit' als direkt beeinflußt und somit sozial disponibel wahrgenommen werden.

Unter solchen Umständen wird – zusätzlich zu den traditionellen Tugenden verantwortungsvollen wissenschaftlich–technischen Arbeitens – kommunikative Kompetenz und Offenheit über die Bewertungsprämissen, die in die jeweiligen Beurteilungen einfließen, von zentraler Bedeutung.

Mit kommunikativer Kompetenz – um etwaigen Mißverständnissen vorzubeugen – ist nicht etwa das «Geheimnis der Redekunst» gemeint, so wie es von Ephraim Kishon in seiner Anekdote über das «Ja-Nein-Ich-Schwarz-Weiß-Spiel» persifliert wurde: Bei seinem 'Spiel' gilt es, jene «*Schlüsselwörter, die aufgrund einer für alle Beteiligten bindenden Übereinkunft* (...) *nicht verwendet werden dürfen*», geschickt zu umgehen – also klaren und konkreten Stellungnahmen auszuweichen und verbale Nebelkerzen zu werfen, um nicht als Verlierer dazustehen. Ähnlichkeiten mit der politischen und gesellschaftlichen Realität, in der diese «*Fähigkeit des Intellekts*», sich an «*gegebene Umstände*» anzupassen, bereits zu einem «*integralen Bestandteil*» des «*geistigen Habitus*»[58] geworden ist, sind nicht rein zufällig ...

Die persönliche Überzeugungskraft der kommunizierenden Menschen und die Glaubwürdigkeit der Botschaft beruhen auf mehr als auf äußerlichen Persönlichkeitsmerkmalen und erlernbaren Techniken wie der Rhetorik oder dialektischem Geschick. Besonders der Frankfurter Pater und Unternehmensberater Rupert Lay erklärt im Zusammenhang mit der Dialektik[59], daß es sich dabei nicht etwa um Methoden handelt, andere zu manipulieren oder mit rhetorischen Tricks auszuspielen, sondern um eine – ohne rigorose Selbsterkenntnis nicht erlernbare – Kunst, «*über gemeinsamen Erkenntnisfortschritt Konsens zu erzielen oder ein Problem zu lösen*»[60].

Schon Sokrates hatte zu seinen Lebzeiten (470–399 v. Chr.) Ärger mit politischen (und religiösen) Dogmatikern, die 'Gewißheit' und 'Wahrheit' miteinander verwechselten und der Meinung waren, die Grundlage jeder erfolgreichen Politik bestehe darin, Menschen bestimmte Gewißheiten zu vermitteln und dann, wenn diese angezweifelt wurden, sie ohne weitere Diskussion zur 'Wahrheit' zu erklären. Während jedoch die 'Gewißheit' aus dem Bereich der Wirklichkeit zweiter Ordnung stammt, fordert die 'Wahrheit' intersubjektive Geltung, weil sie Irrtum und Täuschung ausschließt.

Lay weist in seinem bedeutungsvollen und lesenswerten Buch *Kommunikation für Manager* zur Vermeidung irrationaler Momente und systeminduzierter Blindheit in der Entscheidungsfindung auf die «*drei Regeln des Platon*»[61] hin:

1. Verhalte Dich alterozentriert (konsensorientiertes Hören und Sprechen).
2. Erreiche eigene und fremde Emotionaliät (man mache sich das Anliegen nicht nur rational, sondern auch emotional zu eigen).
3. Stelle Dich auf die kommunikativen Bedürfnisse Deines Partners ein.

Auf die Tatsache, daß zusätzlich zur Anwendung dieser Regeln das Vorhandensein spezifischer charakterlicher bzw. Verhaltenseigenschaften wünschbar ist, weil sie die Kommunikations- und Konfliktfähigkeit erhöhen, sei hier lediglich am Rande hingewiesen.[62]

Neben der Wahrhaftigkeit der gemachten Äußerungen[63] und der Richtigkeit des Handelns ist die persönliche Überzeugungskraft von Menschen auch von ihrer personalen Fähigkeit zur möglichst *herrschaftsfreien Kommunikation* abhängig.

Herrschaftsfreie Kommunikation bezeichnet eine idealtypische Situation, in der nicht von 'Herrschendem' zu 'Beherrschtem' versucht wird, Geltungsansprüche für 'die Wahrheit' durchzusetzen, sondern sich alle Beteiligten mit symmetrischen Chancen äußern können – eine Situation, in der die Sprecher weder sich noch andere über ihre Intentionen täuschen dürfen und Privilegierungen im Sinne einseitig verpflichtender Handlungsnormen ausgeschlossen sind.[64] Unter solchen Bedingungen der Kommunikation wird es möglich, sich zwanglos der Überzeugungskraft besserer Argumente zu fügen, bzw. zu einem Einverständnis über die Geltung oder Nichtgeltung problematisierter Ansprüche zu gelangen.

Meines Erachtens ist ein erheblicher Teil der heutigen Kontroverse um die Gentechnik durch einen Mangel an kommunikativer Kompetenz mitverschuldet. Verbessertes kommunikatives Handeln könnte sowohl zur Demystifizierung von Gen- und Biotechnologie als auch zur Entpolitisierung von Kontroversen beitragen.

Schließlich wären Vereinbarungen über verbindliche Verfahren für die Beilegung von Konflikten hilfreich, damit Dialoge nicht zum ad infinitum weitergehenden Diskurs über immer marginaler werdende Interpretationsunterschiede (bei einem sich wandelnden Stand der Wissenschaft!) degenerieren und fundamentalistische Minderheiten unter Ausnutzung aller rechtlich möglichen Rekurs-

und Einsprachemöglichkeiten nicht jahrelang Handlungen blockieren können, die letztlich im öffentlichen Interesse liegen.

Forschung zum Nutzen der Menschen in der Dritten Welt

Die Länder der Dritten Welt stehen vor der immensen Aufgabe, in den nächsten 25 Jahren ihre Nahrungsmittelproduktion zu verdoppeln, und dies – anders als dies vielfach in den Industrieländern bisher geschah – auf eine umwelt- und ressourcenschonende Art und Weise. Dazu ist zunächst – wie bereits dargelegt – eine Vielzahl politischer, sozialer und technischer Veränderungen erforderlich.[65]

Darüber hinaus müssen alle neuen Technologien auf ihren Beitrag zur Lösung dieser Jahrhundert-Aufgabe hin untersucht werden. Eine Ablehnung der Gentechnik aufgrund ihrer dargelegten Risiken würde die Dritte Welt mit ihren schier unvorstellbar großen Problemen nicht in eine risikolosere Zukunft, sondern meines Erachtens erst recht ins Verderben führen. Die Gentechnik könnte erhebliche Beiträge zur Lösung einiger Probleme leisten. Wenn sie in größerem Maße an den Bedürfnissen der Menschen in der Dritten Welt ausgerichtet würde, insbesondere an den der kleinbäuerlichen Landwirtschaft, könnte sie entwicklungspolitisch unverzichtbar werden. Daß heute schon einiges in dieser Richtung getan wird, sei nicht bestritten.[66] Jedoch ist die öffentliche Forschung im Norden und Süden aufgerufen, vermehrt zu angemessenen Lösungen beizutragen. Die Staatengemeinschaft des Nordens täte gut daran, die notwendigen finanziellen Ressourcen dafür bereitzustellen. Staatliche Programme dieser Art könnten ein ständig wachsendes wünschbares Gegengewicht zu den vielfältigen Aktivitäten des privaten Sektors bilden. Die Resultate öffentlicher Forschung können zu Selbstkosten oder über die Regierungen gar kostenlos an Kleinbauern abgegeben werden; das ist mit den Resultaten privatwirtschaftlicher Unternehmen nicht machbar.

Für die gentechnische Forschung ist ein explizites Anstreben von «*community participation*» im Sinne des Einbezugs von Forschern aus der Dritten Welt erforderlich, um Forschungskapazität in der Dritten Welt zu fördern, damit mittelfristig eine an eigenen Problemen ausgerichtete Forschung stattfinden kann.[67] Dies kann durch Trainingsprogramme, Stipendien, gemeinsame Forschungs- und Entwicklungsprogramme und durch die Finanzierung von Infrastruktur geschehen. Die international tätigen und auf die Bedürfnisse der Dritten Welt ausgerichteten *CGIAR*-Zentren (*Consultative Group on International Agricultural Research*) könnten dabei eine herausragende Rolle spielen, auch im Hinblick auf den Erwerb von Lizenzen von Privatunternehmen. Im Idealfall, so schlägt das *Worldwatch Institute* vor, könnte das *CGIAR*-System neue Pflanzenvarietäten entwickeln, mit WissenschaftlerInnen in anderen internationalen Forschungszentren zusammenarbeiten, WissenschaftlerInnen aus den Entwicklungsländern in der Gentechnik ausbilden und regionale Pflanzenentwicklungsprogramme unterstützen.[68]

Schon heute arbeiten *CGIAR*-Zentren in Kolumbien *(CIAT)*, Mexico *(CIMMYT)*, Peru *(CIP)*, Syrien *(ICARDA)*, Indien *(ICRISAT)*, Nigeria *(IITA)* und den Philippinnen *(IRRI)* an den für Entwicklungsländer wichtigen Kulturen Cassava, Bohnen,

Weizen, Mais, Kartoffel, Erdnuß, Yams, Plantain-Bananen und Reis. Forschungsinstitute in China (Shanghai, Beijing und Guangzhou), Indien (New Delhi, Hyderabad, Bombay und Puna) sowie in Südkorea und sieben lateinamerikanischen Ländern (Argentinien, Brasilien, Kolumbien, Mexiko, Venezuela, Costa Rica und Kuba) arbeiten intensiv an gen- (und bio-)technischen Forschungs- und Entwicklungsaufgaben zum Nutzen der Dritten Welt.

Wie so oft im entwicklugspolitischen Kontext, schneidet Afrika südlich der Sahara signifikant schwächer ab: Außer den von der holländischen Entwicklungszusammenarbeit unterstützten Projekten (Stickstoff-Fixierung, Cassava-Verbesserung) in Zimbabwe, sind keine nationalen Programme bekannt.

Eine nachhaltige Stärkung dieser öffentlichen Aktivitäten ist wünschenswert, um die technischen Zugangshürden für Kleinbauern in der Dritten Welt zu senken. Das Senken der **technischen Hürden** genügt jedoch nicht, die Überwindung **gesellschaftlicher Hürden** ist noch von größerer Bedeutung. Hier sind die Sozialwissenschaften gefordert, ihren Beitrag zu leisten. Die Erfahrung mit der *Grünen Revolution* zeigt, daß soziale Reibungskosten der Innovation in viel größerem Umfang vermeidbar gewesen wären, wenn die pflanzenbiologische Forschung durch entwicklungspolitische Forschung ergänzt worden wäre und ein interdisziplinäres Ringen um ganzheitliche Ansätze stattgefunden hätte.

Wünschenswert für Fortschritte, die den Kleinbauern zugute kommen, sind auch neue Koalitionen zwischen öffentlicher und privater Forschung einerseits und finanzierenden multilateralen Entwicklungsinstitutionen (z.B.

der *Weltbank, FAO, UNDP*) andererseits, um vorhandenes Wissen und jeweilige Erfahrungen zu poolen – so wie das im Zusammenhang mit dem *Special Programme for Research and Training in Tropical Diseases* (TDR), der *UNDP*, der *Weltbank* und der *WHO* der Fall ist. Erste *Weltbank*-Forschungsprojekte in Sri Lanka, Madagaskar, Ruanda und im Sudan sind hoffnungsvolle Ansätze in dieser Hinsicht, ebenso die sich abzeichnende Bereitschaft der *Weltbank*, bio- und gentechnische Forschung und Entwicklung für solche Pflanzen- und Tierarten zu finanzieren, an denen Industrieländer kein kommerzielles Interesse erheben (*Orphan Commodities Programme*).[69]

Mit der Gentechnik sollten **armutsvermindernde Auswirkungen** zustandekommen, d.h., daß nicht nur keine neuen Nachteile für eine Mehrzahl der Menschen in der Dritten Welt entstehen, sondern ein Beitrag zur Verbesserung ihrer Lebensumstände möglich wird. Die Verbesserung der Lebensumstände der unteren Schichten der Menschen in der Dritten Welt ist das oberste Ziel entwicklungspolitischen Handelns. Diesem Ziel darf durch neue Technologien nicht entgegengearbeitet werden. Die Menschen in der Dritten Welt dürfen nicht als Verlierer von Innovationen dastehen, die in Industrieländern die Wohlfahrt steigern.

Nachhaltige Friedenssicherung ist aus globaler Perspektive und auf lange Frist nicht möglich, wenn es ein paar wenigen im Raumschiff Erde immer besser geht und dem Rest immer schlechter. Eine – zumindest ansatzweise – Umsetzung der Rawl'schen Maximin-Strategie, nämlich daß bei allem, was unternommen wird, darauf geachtet wird, daß die am wenigsten Begünstigten die größten Vorteile haben, wäre deshalb wünschenswert.[70]

Auch wenn dies dem einen oder anderen als Utopie erscheint, so sollte dieser Anspruch doch für den Politikdialog immer wieder ins Gedächtnis gerufen werden.

Manchmal muß man das Unmögliche fordern, um das Mögliche zu erhalten!

Es kommt darauf an, das Hoffen zu lernen (...).
Der Affekt des Hoffens geht aus sich heraus,
macht die Menschen weit, statt sie zu verengen (...).
Die Hoffnungslosigkeit ist selber,
im zeitlichen wie sachlichen Sinn
das Unaushaltbarste,
das ganz und gar den menschlichen Bedürfnissen
Unerträgliche.

Ernst Bloch
«Das Prinzip Hoffnung»

Anmerkungen

1 Gollwitzer H.: Krummes Holz - Aufrechter Gang. Zur Frage nach dem Sinn des Lebens. 10. Aufl., Kaiser, München 1985, S. 142.

2 Von Weizsäcker C.F.: Der Garten des Menschlichen. Beiträge zur geschichtlichen Anthropologie. Fischer, Frankfurt 1987, S. 58.

3 Radaj D.: Machtfeld der Technik und Bewahrung der Schöpfung. In: Das Ende der Geduld. Carl Friedrich von Weizsäckers «Die Zeit drängt» in der Diskussion. Hanser, München/Wien 1987, S. 122.

4 Vgl. Novick R./Shulman S.: New Forms of Biological Warfare? In: GeneWATCH, Vol. 6, Nr. 6, 1990, S. 4–7.

5 Siehe Ahmed I.: The Bio-Revolution in Agriculture: Key to Poverty Alleviation in the Third World. In: International Labour Review, Vol. 127, Nr. 1, 1988.

6 Von Weizsäcker C.F.: Die Verantwortung der Wissenschaft im Atomzeitalter. 7. Aufl., Kleine Vandenhoeck-Reihe, Göttingen 1986.

7 Ebenda.

8 Siehe Jonas H.: Auf der Schwelle der Zukunft: Werte von gestern für die Welt von morgen. In: Jonas H./Mieth D.: Was für morgen lebenswichtig ist. Unentdeckte Zukunftswerte. Herder, Freiburg i. B. 1983, S. 14 f.

9 South Commission: The Challenge to the South. Oxford University Press, Oxford/New York 1990, Kapitel 3 und 4.

10 Von Weizsäcker C.F.: Der Garten des Menschlichen. Op. cit. S. 65.

11 Pieper A.: Ethik und Moral. Eine Einführung in die praktische Philosophie. Beck, München 1985, S. 23.

12 Starobinski J.: Dreizehn Thesen zur Ethik in der Medizin.
In: Pieper A. (Hrsg.): Die Macht der Freiheit. Benziger, Zürich 1990, S. 125.

13 Ebenda.

14 «*Können*» – nicht «*müssen*» – da auch innerhalb der institutionalisierten Wissenschaft z.B. mit Stellenbesetzungspolitik nach Opportunitätsgesichtspunkten Einfluß auf wissenschaftliche Arbeit genommen, Zunftethiken korrumpiert (Hausberufungen!) und Kritikpotentiale neutralisiert werden können.
Siehe dazu Spinner H.F.: Das 'wissenschaftliche Ethos' als Sonderethik des Wissens. Mohr, Tübingen 1985, S. 36 f.

15 Vgl. Lay R.: Ethik für Manager. Econ, Düsseldorf, Wien 1989, S. 166.

16 Rich A.: Wirtschaftsethik. Grundlagen in theologischer Perspektive. Bd. 1, 3. Aufl., Gütersloh 1987, S. 18.

17 Siehe Jonas H.: Auf der Schwelle der Zukunft. Op. cit.
Ebenfalls Jonas H.: Das Prinzip Verantwortung. Versuch einer Ethik für die technische Zivilisation. Ex Libris, Zürich 1987.

18 Siehe Jonas H.: Auf der Schwelle der Zukunft. Op. cit. S. 10.

19 Ebenda S. 12.

20 Siehe dazu Hull T.H.: Recent Trends in Sex Ratios in China.
In: Population and Development Review, Vol. 16, Nr. 1, March 1990, S. 63–83.

21 SGCI (Schweizerische Gesellschaft für Chemische Industrie):
Leitlinien zur Gentechnik. Zürich, Januar 1991.

22 Siehe die Länderliste der Weltbank in: Weltentwicklungsbericht 1990. Washington D.C. 1990.
Ebenso Länderliste der OECD in: Development Cooperation in the 1990's. Paris 1989.

23 Weltbank: Weltentwicklungsbericht 1990. Washington D.C. 1990, Tabelle 26. Ebenso UNICEF: The State of the World's Children 1990. New York 1990.

24 Vgl. Leisinger K.M.: Wege aus der Not. Bundesverband der Pharmazeutischen Industrie e.V. (Hrsg.), Frankfurt 1990.

25 Vgl. Jonas H.: Auf der Schwelle der Zukunft. Op. cit. S. 18.

26 Siehe dazu: Nicholson, W.: Der Marsch. Aufbruch der Massen nach Europa. Horizonte, Rosenheim 1990.

27 Vgl. Myrdal G.: Relief Instead of Development Aid.
In: Intereconomics, March / April 1981, S. 86–89.

28 Schweitzer A.: Über die Unvollkommenheit des technisierten Übermenschen. Rede anläßlich des Friedens-Nobelpreises.
Oslo, 4. November 1954.

29 Siehe Jonas H.: Das Prinzip Verantwortung. Op. cit. S. 388.

30 Siehe Jonas H.: Auf der Schwelle der Zukunft. Op. cit. S. 28 f.

31 Ebenda.

32 Hösle V.: Philosophie der Ökologischen Krise. Moskauer Vorträge. Beck'sche Reihe, München 1991, S. 90 f.

33 De Queiroz E.: Der Mandarin. Suhrkamp, Frankfurt 1987.

34 Ebenda.

35 Vgl. Weber M.: Gesammelte politische Schriften. 5. Aufl., Mohr, Tübingen 1988, S. 552.

36 Popper K.: Die offene Gesellschaft und ihre Feinde. Bd. 2, 6. Aufl., Franke, Tübingen, S. 292.

37 Vgl. Weber M.: Gesammelte politische Schriften. Op. cit. S. 552.

38 Jonas H.: Das Prinzip Verantwortung. Op. cit. S. 393.

39 Dürrenmatt F.: Die Physiker.

40 Von Weizsäcker C.F.: Bewußtseinswandel. Hanser, München/Wien 1988, S. 65.

41 Vgl. Gesprächskreis Kirche-Wirtschaft (Hrsg.): Ethische Leitgedanken zur Anwendung der Gentechnik im industriellen Umfeld. Zürich 1989. (Postfach 328, 8035 Zürich).

42 Popper K.: Die moralische Verantwortung des Wissenschaftlers. In: Universitas, Vol. 30, 1975, S. 692.

43 Jonas H.: Das Prinzip Verantwortung. Ex Libris, Zürich 1987, S. 63–65 und S. 391. Ebenso ders.: Auf der Schwelle der Zukunft. Op. cit. S. 21 f.

44 Vgl. von Woldeck R.: Warnung vor der Wahrscheinlichkeit. In: Kursbuch 85. GAU – Die Havarie der Expertenkultur. Berlin 1986, S. 66.

45 Vgl. von Weizsäcker Ch.: Die Chance der Unvollkommenheit. In: Müller R.: Systeme als Programm. Köln 1989, S. 38–41.

46 Von Weizsäcker C.F.: Bewußtseinswandel. Op. cit. S. 25 f.

47 Jonas H.: Auf der Schwelle der Zukunft. Op. cit. S. 6.

48 Ebenda S. 7. Siehe dazu auch die alttestamentarische Lehrerzählung vom Propheten Jona, dessen Endzeitwarnungen die Menschen von Ninive zur Umkehr bewegten, was die Verschonung vor dem göttlichen Zorn und somit die Rettung zur Folge hatte.

49 Jonas H.: Auf der Schwelle der Zukunft. Op. cit. S. 22–25 u. S. 26–28.

50 Ebenda S. 25.

51 Siehe dazu auch Fromm E.: Haben oder Sein. In: Gesamtausgabe, Bd. 2, Deutsche Verlagsanstalt, Stuttgart 1980, S. 269–414.

52 Vgl. die Ausführungen über den «demonstrativen Müßiggang» und den «demonstrativen Konsum» (der Wert des Konsums als Zeuge des Reichtums: Was kostspielig ist, gilt als edel und ehrenvoll!), die Veblen schon 1899 in seiner Satire «Theorie der feinen Leute» (dtv, München 1971) machte. Das Phänomen ist also keine Nachkriegsangelegenheit.

53 Jonas H.: Auf der Schwelle der Zukunft. Op. cit. S. 24 f.

54 Ebenda S. 32.

55 Vgl. von Weizsäcker Ch.: Vom Umgang mit der Gefahr. Zitiert in: von Weizsäcker E.U. und Ch.: Fehlerfreundlichkeit als Evolutionsprinzip und Kriterium der Technikbewertung. Universitas, Vol. 41, 1986, S. 791–799.

56 Siehe Beck U.: Risikogesellschaft – Auf dem Weg in eine andere Moderne. Suhrkamp, Frankfurt 1986, besonders Kapitel VII.

57 Ebenda S. 274 f.

58 Kishon E.: Nicht so laut vor Jericho. dtv, München 1975, S. 33-34.

59 Lay R.: Kommunikation für Manager. 2. Aufl. Econ, Düsseldorf/ Wien 1990, S. 11.

60 Ebenda S. 21.

61 Ebenda S. 30–33.

62 Lay hebt besonders «geringe Fehlertoleranz», «überstarker Antrieb» und «erhebliche Dominanz der narzißtischen Bedürfnisse und Emotionen» als Eigenschaften hervor, die die Kommunikationsfähigkeit begrenzen, und fordert als «Fähigkeiten der Führenden»: Teamfähigkeit, Passungsfähigkeit, die Fähigkeit, mit eigenen und fremden Ängsten sinnvoll umzugehen, die Fähigkeit zur Toleranz und zur passiven Aktivität.
Siehe dazu Lay R.: Kommunikation für Manager. Op. cit. S. 130 f.

63 Definiert von Habermas: «*Wahrhaftig sind die Äußerungen eines Sprechers, wenn er weder sich noch andere täuscht.*»
In: Habermas J./Luhmann N.: Theorie der Gesellschaft und Sozialtechnologie. Suhrkamp, Frankfurt 1971, S. 131.

64 Ebenda, besonders S.137 f.

65 Vgl. auch Gittinger J.P./Leslie J./Holsington C.: Food Policy – Integrating Supply, Distribution and Consumption. Johns Hopkins University Press/World Bank, Baltimore 1987.

66 Siehe Sasson A.: Biotechnologies to Match the Needs of Developing Countries. Achievements, Prospects and Implications, und die dort angegebene Literatur.
Wird erscheinen in: Sasson A.: Biotechnology in Developing Countries: Present and Future. UNESCO, Paris 1991.

67 Siehe hierzu GTZ (Hrsg.): Potentiale und Grenzen biotechnologischer Verfahren der Saat- und Pflanzenproduktion in der technischen Zusammenarbeit. Feldafing 1989, S. 282–286.

68 Worldwatch Institute: Zur Lage der Welt 1990/91. Frankfurt 1990, S. 130 f.

69 Siehe Walgate R.: Biotechnology and the Third World. Op.cit. S. 146 f.

70 Vgl. Rawls J.: Eine Theorie der Gerechtigkeit. Suhrkamp, Frankfurt 1979.